科 学 年 少

培养少年学科兴趣

玩转数字

［英］安德鲁·杰弗里 著

王俊毅 译

湖南科学技术出版社
·长沙·

数字统治宇宙

毕达哥拉斯（约公元前 580—前 490）

WATKINS
Sharing Wisdom Since 1893

推荐序

北京师范大学副教授　余恒

很多人在学生时期会因为喜欢某位老师而爱屋及乌地喜欢上一门课，进而发现自己在某个学科上的天赋，就算后来没有从事相关专业，也会因为对相关学科的自信，与之结下不解之缘。当然，我们不能等到心仪的老师出现后再开始相关的学习，即使是最优秀的老师也无法满足所有学生的期望。大多数时候，我们需要自己去发现学习的乐趣。

那些看起来令人生畏的公式和术语其实也都来自于日常生活，最初的目标不过是为了解决一些实际的问题，后来才被逐渐发展为强大的工具。比如，圆周率可以帮助我们计算圆的面积和周长，而微积分则可以处理更为复杂的曲线的面积。再如，用橡皮筋做弹弓可以把小石子弹射到很远的地方，如果用星球的引力做弹弓，甚至可以让巨大的飞船轻松地飞出太阳系。那些看起来高深的知识其实可以和我们的生活息息相关，也可以很有趣。

"科学年少"丛书就是希望能以一种有趣的方式来激发你学习知识的兴趣，这些知识并不难学，只要目标有足够的吸引力，你总能找到办法去克服种种困难。就好像喜欢游戏的孩子总会想尽办法破解手机或者电脑密码。不过，学习知识的过程并不总是快乐的，不像游戏中那样能获得快速及时的反馈。学习本身就像耕种一样，只有长期的付出才能获得回报。你会遇到困难障碍，感受到沮丧挫败，甚至开始怀疑自己，但只要你鼓起勇气，凝聚心神，耐心分析所有的条件和线索，答案终将显现，你会恍然大悟，原来结果是如此清晰自然。正是这个过程让你成长、自信，并获得改变世界的力量。所以，我们要有坚定的信念，就像相信种子会发芽，树木会结果一样，相信知识会让我们拥有更自由美好的生活。在你体会到获取知识的乐趣之后，学习就能变成一个自发探索、不断成长的过程，而不再是如坐针毡的痛苦煎熬。

曾经，伽莫夫的《物理世界奇遇记》、别莱利曼的《趣味物理学》、加德纳的《啊哈，灵机一动》等经典科普作品为几代人打开了理科学习的大门。无论你是为了在遇到困难时增强信心，还是在学有余力时扩展视野，抑或只是想在紧张疲劳时放松心情，这些亲切有趣的作品都不会令人失望。虽然今天的社会环境已经发生了很大的变化，但支撑现代文明的科学基石仍然十分坚实，建立在这些基础知识之上的经典作品仍有重读的价值，只是这类科普图书品种太少，远远无法满足年轻学子旺盛的求知欲。我们需要更多更好的故事，帮助你们适应时代的变化，迎接全新的挑战。未来的经典也许会在新出版的作品中产生。

希望这套"科学年少"丛书带来的作品能够帮助你们领略知识的奥秘与乐趣。让你们在求学的艰难路途中看到更多彩的风景，获得更开阔的眼界，在浩瀚学海中坚定地走向未来。

目　录

致艾莉森、威廉和丹尼尔：

真正重要的人。

引 言

　　数学是一种艺术、一门科学和一种语言，其特点也许仅仅与音乐是共通的。这些特质使得数的世界吸引人，令人着迷。但是，很多在其他方面很聪明的人却对它有一种恐惧感，这毫无必要而且完全可以避免，这种恐惧感阻碍了他们去发现数的世界的力量，它的美，它的各种模式花样以及从事它的快乐。

不能够做……或者现在还不能够做？

　　当他们要我写这本书的时候，我毫不犹豫地答应了。这件事的前提看起来与我所一贯相信的方法相一致，即我们看待和学习数学的方法。于是，人们常常自认为现在开始学着去热爱数字已经太晚了——如果你过去在学校里学这课的时候磕磕绊绊，你也许相当错误地相信：你永远不会把它弄对。你甚至也许心安理得地相信，你不会摆弄数字是因为一种与生俱来的"数盲"（这确实存在，但是这远非你的困难的可能原因）。有多少人告诉我，对于他们来说，搞数学是"单调活"而非快乐，而通常这是由于教数学的方式所致。而且很自然地，如果我们不打好一件事的基础，我们就会在跟随而来的事情上很吃力。但是，现在开始永远不会太迟，并且我感到，这本书提供了一个极好的机会来修复平衡，同时展示数字会多么有趣。

　　本书的目的是，经常以一种令人惊讶的方式，帮助你培养对数字的享受以及信心。例如，你能数到 1000 吗？你曾经做到过吗？假定你对第一个问题的回答是"是的"，而对第二个问题的回答是"没有"，那么下一个问题一定是：什么使你如此确信你能够一定做到你从未真正做过的事情？这个答案是，即使没有真正做过，你认出了数字形成的一些模式。这些模式如何互相适配和互相关联，就在数学的心脏里。一种你曾经感到很难掌握的模式，现在是如此简单，以至于你甚至想都不想。因此，你永远不应该畏惧那些。

数字的魔术

你将在这本书里找到各种模式的参考。看出一种模式然后使用它来得出后续的结果，这是一种关键的技巧，不管模式是数字、字母、形状，或者颜色。作为一个简单演示，考虑以下模式：

红、黑、红、黑、红、黑、红、黑、红、黑……

下一个颜色是什么？

第 100 个颜色是什么？

当然，第 100 个颜色是黑色。但是，你是怎么知道的？因为，100是偶数，而每第二个颜色是黑色。沿着这些思路通过推理，你已经正在数学地思考。虽然这也许是一个微不足道的例子，但它隐含了一个更大的真理：一旦分辨出模式，我们能够有信心说出沿着序列往前存在什么东西——例如，在序列中第 1 286 295 个颜色是红色（奇数）。正是这种绝对肯定的预言能力给予数学以力量和美。正如爱因斯坦所说，"纯数学本身是逻辑思维的诗"。

作为一个专业的魔术师，后来在欧洲的学校里被称为数学魔术师，我一直很欣赏数学戏法，在我 20 年教学生涯中，我经常会使用魔术戏法在我的教学班上来探索新的概念。我惊讶地看到这些课是如何受欢迎，以及这些戏法如何帮助许多孩子以一种可调整的方式参与困难的概念。毫无疑问，这些对你也适用。为了帮助你成为一个真正的数学能手，我在这里给出几个简单的同时令人惊异的数学魔术，你可以在你的朋友和家人身上试一试。

真实的，有关系的，简直了不起的

设计所有这些戏法、拼图和练习都是为了测试和增进你的理解。我认为，随着你重新看看那些过去你认为过于困难的数学概念，它们其实都是一些你完全理解的简单得多的想法的延伸。

例如，你将学会，如果你能够把一个数加倍和分成两半以及用 10 来乘除，那么你天天会碰到的几乎任何计算都可以用心算解决。于是你将发现，当你在购物、去银行或者执行那些需要使用数字的任务时，这一点能够有很大的好处——你将不会因为不得不借助一个计算器来计算一个饭店服务员的小费而感到窘迫，同时你将会判断一桩买卖是否像它听起来那样划得来。

然而和学习很多捷径使得生活容易些一样，你将接触到一些令人惊讶的有关数字的事实，从零的发明之前人们是怎样生活过来的，到周长无限的雪花，一直到什么时候不要相信你的计算器。

常见的课堂抱怨"当我长大以后我永远不会需要这个"，这经常是表面的事实，但是一旦你发现了数字的魅力，你很可能被它们对生活的各方面的深远影响所迷倒。到处都有数字。政治家们和市场专家们经常根据统计学企图说服我们，或者证明他们的决定的正确性。机会和概率不会总是如我们所愿。当你读到第 5 章的时候，你将有条件深入观察数字如何真正地影响这个世界。

我希望这本书不但能够吸引每一个想克服自己对数字缺乏信心的人，而且能激发起你们当中那些已经对数字很习惯的人的热情。漫步走上几条数字能引导你的离奇的道路，享受它们魔术般的乐趣。我当然已重新发现了遗忘已久的事实和诀窍，获得了新的知识，同时也得知了一些我以前相信的事情，事实上并不完全正确。我希望这也是你的经历的写照。

好吧。当你探索（或者重新探索）奇妙的数的世界时，请期待着你被挑战、被惊讶和被迷倒吧。

1

数：令人生畏还是乐趣？

　　如果你感到数学课是学校一周里最没劲的，或者在计算给多少小费或计算利率变化会有多少影响时，你会抱怨，你可能对数抱有没有必要的恐惧。然而，与数字打交道实际上是极其令人安心的，因为它们是如此地可以预测并且稳定。例如，每一次 64 乘以 15 都得到 960，它不会根据情绪或者解释而变化。本章谈一谈你怎样看待数字，同时给你介绍一些能够为你所用的方法。

数带来的麻烦

我们常常认为，要学会爱上数字已经太迟了——如果你在学校学数学时很吃力，你可能会错误地认为，你永远不会"弄懂"。但是，要开始了解数字的基本模式以及它们是如何组合在一起的，并相应地使用它们，这永远都不会太迟。这本书旨在帮助你实现这个目标。

看到数字本来的面目

假设今年有 114 人想参加温布尔登男子网球单打比赛。在进入最后 64 场、32 场、16 场、8 场、4 场、2 场和决赛之前，必须进行一些预选赛。如果让你算出需要多少场比赛，你会怎么做？

也许，你会算出第一轮必须打多少场比赛，然后算出下一轮必须打几场比赛，再把所有的总数加起来。这令人难以置信，而且容易出错。但有一种更简单的方法。首先问问自己：最终目标是什么？是让一名球员赢得冠军。因此，这意味着需要淘汰 113 名球员。由于每场比赛只有一名球员被淘汰，因此必须准确地进行 113 场比赛。这是如此简单！

假设"我做不到"是人类的一种自然倾向，我们害怕任何事情，尤其是数学。我们都以非常不同的方式接受教育，毫无疑问，我们对数字产生了不同的概念。因此，我们经常对它们抱有来自错误根据的信念，并认为自己缺乏能力。这样的误解使数字和数学看起来比实际更难。即使是高度聪明的人，在数字方面也常常有头脑空白的时候，但只要稍微了解一下数字的模式（而不是来自学校的一些半生不熟、毫无意义的规则），你就会发现自己成功的可能性更大。也许，与其想"我做不到"，我们应该开始思考"我现在还不能，但如果我能找出这里包含的模式，那么……"

你对数字有多习惯？

下面测验的不寻常在于，答案不是最重要的，真正重要的是你如何处理这个问题：你是用计算器，还是找到了捷径？对于每个问题，记下你是如何解决的。一旦你做了，对你的方法进行分析，这会揭示你对数字的感觉有多随意。祝你好运，记住，这不是一个你需要满分的考试——你可能会给自己带来惊喜！

1）23 乘以 99 是多少？

2）300 ÷（1 / 3）= ？

3）构建一个较大的立方体，它的边长都是 7cm，需要多少个边长为 1cm 的立方体？

4）一个农民把鸡蛋装在每盒可装 48 个鸡蛋的盒子里。装 472 个鸡蛋需要多少个这样的盒子？

5）从 1 到 20 的所有数字的总数是多少？

答案以及（最重要的）为什么这样答：

1）2277

如果以乘法计算正确，给自己 3 分。如果你试过但没有得到正确答案，给自己 2 分。如果你发现这几乎是 23×100，那么答案是 2300–23=2277，给自己 4 分。

2）900

如果你回答 100，你并不孤单：除法是一个被误解的概念。这也许最容易被认为是"分组分享"：想象一下 300 个比萨，每个比萨分成 3份，很容易看到有 900 片。如果你尝试回答了都得 2 分，使用计算器得3 分，通过计算器以外的任何方式得到正确答案得 4 分。

3）343

如果你的答案是想象一个由 49 个小立方体组成的 7×7 的正方形层，并意识到你需要 7 个这样的层来制作大立方体，那么你就得 3 分。你是一个视觉学习者。如果你用其他方法计算 7×7×7，也得 3 分。如果你使用了计算器并且做对了，就得 2 分。如果你试过了，但答错了，得 1 分。这个大立方体展示了数学的工作方式——我们可以从一些非常简单的东西开始，并以我们的知识为基础。

4）10 个盒子

如果你在纸上或使用计算器计算出 472÷48，结果正确，那么给自己 2 分。如果你答错了，给自己打 1 分。除非你的答案是 9.83333，在这种情况下，不要给自己打分：常识告诉你答案必须是一个整数。这表明了很多数学学习方式的一个问题：我们忘记问自己，我们得出的答案是否有意义，这通常是因为我们自己对数字缺乏信心。如果你推理得出480 个鸡蛋需要 10 盒，但 9 盒不够，那就给自己打 3 分。

5）210

如果你把这些数字按升序或降序相加，就可以得到 2 分。如果你用这种方法计数错了，给自己 1 分。如果你用不同的顺序把这些数字加起来，让事情变得简单一些，即使你的答案不正确，给自己 4 分。（见第 015 页，卡尔·弗里德里希·高斯如何在一分钟内将 1 到 100 的数字相加，这让他的老师感到惊讶！）

把你的分数加起来。

如果你的得分在 0 到 6 分之间，你可能没有尝试回答所有的问题。这可能是由于各种原因，包括缺乏信心、没有耐心坚持到终点或陷入困境。对于错误答案之所以还给分，是因为你必须意识到错的答案只是弄错了：错的答案比没有答案好得多。通常，我们不会因为尝试而失败——我们失败是因为我们不敢尝试。

如果你的分数在 7 到 12 分之间，你很可能有一些你在学校时记得并喜欢依赖的方法，但也许从来没有人教过你这些方法为什么有效，或者是否有更简单或更合适的方法来解决这些类型的问题。这本书一定会帮助你处理这样的问题。你的分数也表明，你不怕解决你不确定的问题——这是一个很好的迹象。

如果你的分数在 13 到 20 分之间，你可能是一个横向思维者，肯定会享受后面章节中的许多数学思想。

不寻常的评分系统突出了尝试的重要性，而且你处理数字的方式对你的成功机会有很大影响。看出捷径，识别出这个问题实际上在问什么，不要被表面上"困难"的数字所吓倒——这些技能都有助于揭开数学的神秘面纱，并有助于你成为一个数字精灵。

注：使用计算器并不是问题。我一直在用。技巧是有选择性……我们将在第 2 章谈这个问题。

数作为一种概念

对于那些以前耕耘数字的人来说，最大的突破之一是认识到：人脑实际上根本不用数字来思考，而是完全以图像来思考。

数是独立实体

为了完全理解某件事，大脑需要建立一个关于这个概念的心理图像。如果我们在操纵数字方面吃力，通常是因为我们无法真正想象数字的"样子"。我们需要在头脑中建立每个数字的"概念图像"。

当我们很小的时候，我们就知道，例如，"3"描述了一组东西（其数量）。但这种知识只能让我们取得部分进步，使我们能够用数字作为形容词：3 只鸟，2 只眼睛。

下一步的发展可以发生在任何年龄段，但通常发生在 4 到 7 岁之间，这就是，从把数字看作仅仅描述一组事物，转变为把它们理解为独立的概念。如果我们只把它们看作物体的集合，那么即使加 23 和 13 也很难，但一旦我们的大脑能够将数字视为概念本身，处理数字就会变得简单得多。如果我们在思维上没有做出这种转变，那么处理数字就变得毫无意义，因而非常困难。

表示和关系

正如我们与他人的关系越深入，我们就越了解他们一样，我们对数字的理解也会随着我们花更多时间以各种不同的方式体验数字而提高。如果我们将"和 5 打交道"的经验限制在"一首歌中唱到'鸭子'的

5 或者 V 或者五

我们用来表示数字（1、2、3、4、5 等）的形状没有内在意义，只有我们赋予它们的意义。相同的含义或值可以用不同的方式表示，例如，数字 5 可以由一颗骰子上的点或伸出的手指表示。在上面的标题中，我们有现代西方、古罗马和中国的对应词。相反，相同的数字可能意味着不同的东西：货币值、一天中的某个时间、团队编号等。

思考以下 3 个问题：（答案见解答。）

• 如果 3 的反面是 4，6 的反面是 1，那么 5 的反面是什么？

• 以下哪一项的结果是与众不同的？

60 ÷ 12

5 550.55 − 500.55

12.5 的 40%

10 002 − 9 997

1 小时 44 分 28 秒加 3 小时 15 分 32 秒

• 什么时候 5=41 是对的？（或者，作为提示，什么时候 5 是 -15？）

次数"，那么以后就很难看到，5 也可以是，例如，10 的一半或 500 的 1%。这对那些以前对数字吃力的人来说是个好消息：扩大你对数字各个方面的经验将增加你与它们合作的信心。

数的行为

花大量时间熟悉一个城市，可以增加找到有效捷径的机会。你开始在脑海中建立街道模式的地图，并且可以看到你以前从未知道的链接。数字也是如此。

数的可预测性

也许理解数字的最重要的关键之一是体会到数字是按模式排列的，并且确实遵循非常简单的规则。一旦掌握了这些模式和规则，就永远不会忘记。

数字中存在的模式有很多——从非常简单到异常美妙和复杂。我们将在这里和整本书中探索其中的一些模式，掌握它们将比努力记住学校可能教给你的东西更有帮助。

下面的计算模式可以很容易地分解最大的数字——有些可能你已经很熟悉了。

- 要将整数乘以 10，只需加一个零；要乘以 100，则加两个 0。

- 如果一个数字的最后一位可以被 2 整除，那么整个数字，无论多么长，都是偶数，因此可以被 2 除尽，没有剩余的分数。

- 如果一个整数以 5 或 0 结尾，它可以被 5 整除。

- 两个奇数加起来总是一个偶数。

- 如果一个整数的各位数字加起来是一个可以被 3 整除的数字，那么整个数字也可以被 3 整除（例如，你可以一眼看出 287 511 正好可以被 3 除尽）。

- 同样，如果一个数字的各位数加起来是 9 或 9 的倍数，那么这个数字可以被 9 整除。

- 将最后 3 位数字除 2，然后再除 2。如果答案是偶数，则原始数字将被 8 除尽。

- 拿下最后一个数字，将其乘以 2，然后从原始数字的剩余部分中减去它。重复此步骤，直到只剩下一个数字。如果这个数学是 -7、0 或 7，则原始数字可以被 7 整除。

电话号码的诀窍

甚至你的电话号码也有可预测的属性。记下最后六位数字。将它们重新排列成不同的六位数，然后用较大的数字减去较小的数字。现在把答案的各位数字加起来——你得到的总数是 27 吗？这种情况发生的次数多得惊人；其他更罕见的可能性是 18 或 36，或者偶尔是 9。但答案总是 9 的倍数。

这里是一个基于数字 731117 的示例：

将数字重新排列为 317171：

（做减法）

$$
\begin{array}{r}
731117 \\
-\ 317171 \\
\hline
413946
\end{array}
$$

$$4 + 1 + 3 + 9 + 4 + 6 = 27$$

选择一个数

只要对数字有一点了解，你就可以用计算器做简单的预测把戏。与朋友一起尝试以下操作。

读脑魔术

在你朋友看不见的情况下，把数 37 写在一张纸上，然后把它面朝下放好。请他们做以下步骤。

- 将一个数字输入计算器三次：如输入 5 三次，555。

- 将三位数字相加（如 5+5+5=15）。

- 将三位数除以新数字（如 555÷15）。

  把你写下的数给他们看。

  这里的端倪是，有三个相同数字的数都是 111 的倍数，并且 111=37×3。当你将数字相加时，这与将起始数字乘以 3 相同。当你执行最后一步时，你实际上将三位数除以最初的（一位）数字，得到 111，然后再除以 3，这得到 37。

9 的力量

- 选择一个单数。在你的脑海里把它乘以 9。

- 使用计算器将答案乘以 12345679。

  计算器将显示你选择的数字重复九次。

  这是因为一个简单但鲜为人知的事实：12345679×9=111111111。你所做的只是将 111111111 乘以你选择的数字……因此，例如，从 8 开始，将得到 888888888。

数的模式

模式渗透了数学。时间表、数列与级数、拉丁方格和其他可预测的模式，为九宫格、条形码和地图比例尺等与日常数字相关的事物提供了基础。理解模式背后的规则是所有数学学习的核心。

瞬间天才

这是 1784 年。当老师布置当天的数学作业时，他恼怒地注意到七岁的卡尔·弗里德里希·高斯已经做完了。他决定给他安排一件很难的任务，这肯定会让他一整天都保持安静。

"那么，高斯，在你今天回家之前，我要你把从 1 到 100 的所有数字加起来。当你做完这些后，你可以回家。"

"五千零五十，先生。"

"什么？"

"五千零五十，先生。这不是你出的题吗？"

"但是，我，好吧，我，嗯，没关系，你走吧，高斯。"

那么，在电子计算器出现之前的几世纪，高斯是如何做到这一点的呢？

- 想象一下，把数字 1 到 100 写在一段磁带上，左边是 1，右边是 100。
- 现在想象第二盘磁带，放在原带下面，数字与原带相反，1 在 100 以下，2 在 99 以下，依此类推。这会给你 100 对数字。而且，至关重要的是，每对组合加起来都是同一个数字：101。
- 因此，所有这些数对的总和 =100×101=10100。
- 由于我们只想知道一盘磁带上的总数，我们只需将其减半即可找到答案：5050。

事实上，高斯只使用了一行数字，他在心里把它们对折了一半。这是相似的，但很难想象。高斯（1777—1855）成长为他那一代最伟大的数学家之一。

利用模式

所有模式中最简单的是计数序列 1、2、3、4、5、6 等。正是我们对模式的理解让我们有信心确信，如果我们愿意的话，我们可以毫不费力地数到 1000 或 1 000 000。模式有时也能以令人惊讶的方式帮助计算，如下例所示。

加法平衡

如果不算出答案，你觉得这些总和中哪一个更大：

$$16 + 17 + 18 + 19 + 20$$

或

$$21 + 22 + 23 + 24?$$

对这个问题有两种本能的反应：或者第一排，这是因为它有更多的数字；或者第二排，这是因为数字更大。当然，你很可能已经猜到它们是相等的。它们是以下模式的扩展：

$$1+2=3$$

$$4+5+6=7+8$$

$$9+10+11+12=13+14+15$$

你能预言（并核对）第五行会是怎样的吗？

拉丁方格

这些是包含一组特定数字或其他符号的方格，其中任何符号在每行或每列中都不得重复。下面是一个简单的示例。

九宫格是一个基于拉丁方格的谜题的例子，可以表现出人脑对模式的入迷程度。本书还包含了更引人入胜的模式和数字关系，包括斐波那契序列、圆周率、黄金比率和条形码。

数列

最常见的数列称为"算术级数"，其中数列中相继的数以相同的量递增或递减。例如：

4　　7　　10　　13　　16　　19　　⋯

为了清楚起见，我们将 4 描述为"项 1"，将 7 描述为"项 2"，依此类推。例如，有时非常实用的是能够预测这样一个序列中的第 100 项可能是什么。这是通过找到一个通用规则来实现的，该规则将描述一个特定序列中的任何项，包括尚未确定的项；这个通用项被称为"第 n 项"。

我们可以看到，这个序列中的两个相邻项之间的差值始终为 3。3 倍表也是如此，因此序列很可能非常接近 3 倍表。将序列与 3 倍表进行比较，得出：

项号	1	2	3	4	5	6	n
3 倍表	3	6	9	12	15	18	$3n$
序列	4	7	10	13	16	19	$3n+1$

最后一列（n 列）试图概括该模式。对于任何数字（n），3 倍表的第 n 项将是 3 乘以 n，写为"$3n$"。但是序列的第 n 项总是多出 1，所以我们可以说序列的第 n 项是 $3n+1$。我们现在可以百分之百地预测第 100 项将是 $3 \times 100+1$，或 301。而且，第 200 项将是 601，第 30 项将是 91，依此类推。找到了一般规则（$3n+1$）可以让我们快速轻松地找到序列中的任何项，而无须将其全部写出。

去掉对乘法表的恐惧

乘法表通常令人恐惧，很少有人喜欢，它是由数字组成的网格，代表第 n 个项"$1n$"到"$10n$"的序列。鼓励孩子们把这些表格背下来，甚至在他们完全理解其含义之前。那些发现模式的孩子比那些没有发现的孩子更有可能成功。乍一看，有 100 个表的格子需要记住：

玩转数字

×	1	2	3	4	5	6	7	8	9	10
1	1	2	3	4	5	6	7	8	9	10
2	2	4	6	8	10	12	14	16	18	20
3	3	6	9	12	15	18	21	24	27	30
4	4	8	12	16	20	24	28	32	36	40
5	5	10	15	20	25	30	35	40	45	50
6	6	12	18	24	30	36	42	48	54	60
7	7	14	21	28	35	42	49	56	63	70
8	8	16	24	32	40	48	56	64	72	80
9	9	18	27	36	45	54	63	72	81	90
10	10	20	30	40	50	60	70	80	90	100

事实上，如果我们发现这个表是对角对称的（比较对角线的两边），整个任务可以立即减半。这意味着我们只需要了解一半的事实，因为另一半是镜像。例如，4×7=28 和 7×4=28，我们不需要同时记住这两个事实。此外，1 倍表和 10 倍表是非常容易学习的模式，突然间只剩下大约 20 个格子要记。

表的奇妙

网格还展示出其他的数字模式。如果将奇数打上阴影，你注意到什么？为什么会发生这种情况？看看箭头标记的对角线上的数字——网格的形状有助于解释为什么这些数字被称为"平方"数字吗？

更令人惊讶的是，网格是一个即时的"分数转换器"。查看网格中任意两个相邻的数字，例如 4 和 6，并将它们看作一个分数：4/6。沿着这两个数字的列及行朝任意方向阅读，每个数字对都是等价的，在 4/6 的情况下，从 2/3 到 16/24 至 20/30。网格立即显示，例如，24/32 等于

3/4，或 35/40 等于 7/8。这在水平和垂直方向上都有效。

进展

你可能需要把这一章通读几遍，然后其中的许多想法才能扎根。即使如此，也可以试一试下面的问题，看看你取得了多大的进步。虽然全书中会有无数的邀请和挑战来帮助你应用你所学到的知识，但并不是每章末尾都有测试。

1　在你的脑海中（不用计算器）：

　　a：将 34 乘以 99

　　b：将 3.99 乘以 7

2　a：150 ÷ 1/2 是多少？

　　b：200 ÷ 1/5 是多少？

3　奇数相加时有一个有趣的模式：

　　最前两个奇数之和为：1+3=4（即 2 × 2）。

　　前三个奇数之和为：1+3+5=9（即 3 × 3）。

　　前 100 个奇数的总和是多少？

4　16（两位数）颠倒是 61，28 颠倒是 82。那么在什么情况下 16 和 61 实际上相等（28 和 82 也相等）?（线索：如果你觉得这听起来很熟悉，你会越来越感到"温暖"！）

5　a：后面这个序列中的第 100 项是什么？7, 11, 15, 19, 23, 27…

　　b：这是另一个序列：2，5，8，11，14。这个序列需要多少项才能达到 146?

6　"链式"速度测试在一些报纸上很流行。你能以多快的速度到达以下"链条"的末端?

开始: 13	X 11	+ 1	求平方根	X 99	求 10%	加倍	答案

开始: 340	取一半	再取一半	求 1/5	X 4	X 5	答案

7　此网格加阴影的部分缺少哪个 5 位数字,为什么?

		2	5	
4	1		2	3
	5	4		1
5		3		2

"数学似乎赋予人一种新的感觉。"

查尔斯·达尔文(1809—1882)

2

头脑清醒的计算

我们学习数学的方式可能产生的一个困惑是，我们学到在纸上使用的方法与我们在头脑中做的方法相当不一样。这不一定是一个问题，但通常困难在于想象我们需要做一个复杂的计算来解决一个特定的问题，而我们很可能有一个更简单的捷径可以使用。本章将帮助你更轻松地处理数字，并向你介绍一些绕过冗长计算的算术技巧。

一切都在你头脑里

几个简单的诀巧和技术将帮助你熟练地进行心算。慢慢地做完这些，你会发现你对数字的信心以及你的准确性和速度都有了显著的提高。

加倍和减半

如果你知道每罐狗粮的价格，想计算出 2 罐、4 罐或 8 罐狗粮是多少钱吗？或者，如果减少 50%，一件衣服的价格是多少？在头脑中快速地将一个数字加倍或减半，这是大脑灵活处理数字的基础。

加倍

将一个数字加倍的秘诀是能够将其分解为不同的部分。你可以用任何你认为最方便的方式来做这件事。例如，要将 3.47 英镑翻一番，你可以选择将 3 英镑翻一番，然后是 40 便士，然后是 7 便士，最终得出 6 英镑 +80 便士 +14 便士或 6.94 英镑。或者，你可能更喜欢将原始金额想象为 3.50 英镑减去 3 便士，因此你可以将 3.50 英镑翻一番到 7 英镑，然后减去两个 3 便士就可以得到 6.94 英镑了。对于坚持收取商品 3.99 英镑而非 4 英镑的商店，后一种方法尤其有用，它们希望我们能把它们想象成 3 英镑！

加倍技术对大数字也很有用，比如加倍 3000 并不比加倍 3 困难。例如，要加倍 3462，我会想到 6000、800 和 124（请记住，你可以以任何方式进行划分），得出 6924。

在接下来的几天里，每当你看到一个数字时，就练习这个：只需加倍即可，然后再加倍。记住要寻找最简洁的路线。例如，你可以通过加倍 25（50）+2 来加倍 26。

减半

减半需要一种相似但又不完全相同的技巧，我已经成功地对 8 岁的孩子进行了这种技巧的尝试。

想象一条粗水平线在你眼前与眼睛齐平，像手臂那么长。想象一下你想要减半的数字位于这条线上。将数字分成 2 个或 3 个部分，以你认为可以做到的为准。将这些碎片放在线条上方。现在在心里把每一块都减半，并把一半放在线下。记住你放在哪里，把线下的所有东西放在一起，然后把它们加起来。以下是将 335 减半的方法：

300		30		5
150	+	15	+	2.5

和: 167.5

在接下来的 1 周左右坚持练习，你会惊奇地发现你的流利程度提高得有多快。

收益

一旦你能自信地加倍或减半，你会注意到其他看似无关的算术任务突然变得更容易了。例如，通过反复加倍，你可以快速找到任意数字的 4、8、16 和 32 倍。8 个人吃晚餐，食谱允许每人吃 140 克意大利面？没问题；只需加倍，加倍，再加倍（280 克，560 克，1120 克）。同样，通过重复减半技术，你可以找到 1/4、1/8、1/16 等。

你也可以用这些技巧来心算其他量。假如说，你突然发现自己弄错了，只有 6 个人（不是 8 个人）吃晚餐，那么把这个想象成 2 加 4。于是，乘 2 得 280 克，乘 4 得 560 克，再相加得 280+560=840 克。

关于一百

想象一下你在纽约购物。到目前为止，你已经购买了 3 件商品。它们的价格分别为 1.99 美元、2.98 美元和 4.99 美元。你怎么算出总数？你可以使用传统的"列法"：

$$\$1.99$$
$$\$2.98$$
$$\$4.99$$
$$\$9.96$$

更有效的方法是将这些数字四舍五入：它们分别为 2 美元、3 美元和 5 美元，总计为 10 美元。然后将实际数字与四舍五入位数字之间的差额相加：1 ¢ +2 ¢ +1 ¢ =4 ¢ 。从总数中减去：10 美元 −4 美分 =9.96 美元。

巨大、可怕的数字

一个普遍的误解是，处理大数字很难。下面的例子很容易消除这种误解。在你的脑海里，0.37、134 或 1 000 000 中哪一个数字乘以 6 最容易？不要让你的头脑被一长串数字所困扰：看看数字到底是什么，看看你能不能简化它。

玩转数字

这还有一个别的好处，比借助计算器更快。看看你能以多快的速度将 3 项支出加起来，分别为 3.99 美元、4.97 美元和 2.98 美元。

寻找配对

要把头脑中的几个数字加起来，寻找其和为 10（或 100）的对子。例如，你会怎样加：20+40+32+80+60？

你可以顺着路线走：

20+40=60

60 + 32 = 92

92+80=?

不，聪明地思考，寻找配对，使任务更简单：

20 + 80 = 100

40+60 也是如此

那就是 200，最后加上 32，等于 232

通过查找几乎是整数的数字，将此方法进一步推广。要将 41、65 和 59 相加，想象一下从 41 中去掉 1，然后将其赋予 59；现在有 40 和 60，这比较容易加。很快，你就可以得到正确的和：165。

用这个想法在你的脑海中加 23、34、56 和 27。（记住按你认为有利的顺序来加。）

锻炼你的思考肌肉

数字游戏是磨炼你已经开始掌握的技能的好方法，这里有几个可以

像闪电一样的 11

如果你能将一个数字，即使是一个很大的数字，乘以 10 或 100 的速度比计算器快，没有人会感到惊讶。但是乘以 11 呢？下面是怎样做。

23 乘以 11 的最快方法是什么？一种捷径是乘以 10，然后再加 23，但更快的方法是将被乘数的两个数字相加，然后放在被乘数的两位之间：

2+3=5，因此 23 × 11=253。

如果两位数之和大于 9，则将 1 加到左边的数字上：

84 × 11 则是 8 (12) 4 = 924

尝试神奇地相乘：34×11、52×11、69×11、85×11、93×11。

这个技巧也适用于较大的数字：4623×11

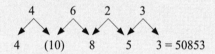

$$4 \quad (10) \quad 8 \quad 5 \quad 3 = 50853$$

较大的数字需要更多的练习，因为你必须把每个加法都在脑子里进行，并记住每次一对加起来等于或大于 10 时都要进位 1。但这是一个提高思维敏捷性的诀窍，通过练习，你甚至可以在头脑中比计算器快地乘以几千。

帮助你开始，但要注意报纸、智力游戏书和其他流行资源中的类似内容。第一步是理解原理，通过最短的路线找到正确答案；第二步是在不牺牲准确性的情况下提高速度。

快速计算链（答案见解答。）

下面的两个"链式"谜题比你在前文已经遇到的更加复杂，要试着在脑子里完成这两个谜题。将数字减半、加倍和四舍五入都能帮助你。你能以多快的速度到达终点找到正确答案？

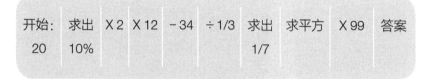

开始：20	求出 10%	X 2	X 12	- 34	÷1/3	求出 1/7	求平方	X 99	答案

开始：7	求平方	X 11	- 439	求平方根	求出 20%	求立方	求平方	+6	答案

认出模式（答案见解答。）

对于下面的每个图表，找出数字之间的隐藏关系，然后用它来填充缺失的框。

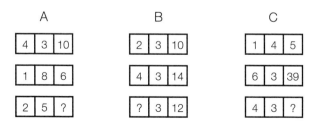

交叉线（答案见解答。）

　　将数字1到9放入空圆圈中，使每一行相连的圆圈加起来等于该线末尾的值。不得在两个圆圈中使用相同的数字。

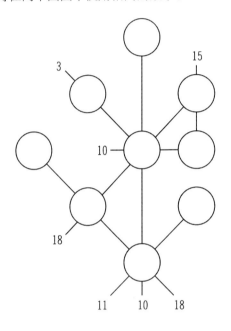

数谜（答案见解答。）

　　你可能已经熟悉了数谜（卡库罗）——这个谜题是九宫格的一个亲戚，但与九宫格不同，你需要心算做加法和减法，而不仅仅靠逻辑来帮助你找到答案。

　　要解数谜，必须在每个白色方块中放置一个从1到9之中的数字。每行数字的总和必须等于左边或上方给出的数字。没有一个数在任何一轮中可以使用多于一次。例如，最底部那一行的两个空白方块要求它们的数字相加为 11，而第一个数字将贡献给正上方的"向下"斜线表示的总和 24。

让我们从那一对标有星星的正方形开始。只有 7+9 才能得到所需的和 16（因为 8+8 是不允许的），但应是哪一个顺序：是 7、9 还是 9、7 呢？前者（7、9）将在四个方格的（第三）列中加上 9，而总和必须是 13。但是 13–9=4，你在 4 里做不出三个不同的数字来（因为填上 9 以后还需填 3 个空格——译者注）。现在请完成网格。

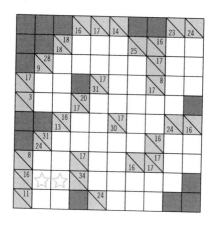

经常做数谜，你会发现你在心算和识别数字组合方面变得更加熟练，比如 22– 6=（7+9），或 34– (8 + 9) = (4 + 6 + 7)。

电子大脑

计算器很棒——没有它我会怎么样？然而，尽管它有自己的优势，但也有自己的弱点。我们如何决定何时使用它，甚至是否应该相信它告诉我们的内容？

计算器永远是对的吗?

通常,使用计算器是解决问题的最有效率的方法。例如,试着用铅笔和纸计算 23 587 桶石油的成本,每桶 126.16 美元。然而,使用计算器存在固有的危险。我称之为"无意识顺从综合征"。更基本的是,"这是一台机器,所以它一定是对的"。事实上完全不是这样!你比计算器聪明得多。考虑以下内容。

戴斯摩大道上的家庭接受了关于他们拥有汽车数量的调查。1 个家庭有 1 辆车;其他 9 个各有 2 辆。你可能会立即看出,这总共有 19 辆车。但是让你的计算器计算 1+2×9,它给你的答案是不是 27? 显然是错误的。科学计算器知道我们需要在加法之前进行乘法运算,但普通计算器只按照给定的顺序处理每一项任务,所以它会先算出 1+2,然后再乘以 9。你可能没有意识到,你所知道的是,你需要先将 2 乘以 9,然后再加 1。

通过简单的计算,错误是显而易见的,但面对一连串的计算,例如加上或减去百分比或部分,无论有没有计算器,都很容易犯这样的错误。思考你处理以下问题的顺序:

- 如果你知道一件电气设备加上 15% 的销售税后的价格,那么你如何计算它的无税价格?

- 你的老板给你降薪 10%,但承诺之后立即加薪 11%。诱人吗?(事实上,这导致工资下降 0.1%,而不是增加了。你知道为什么吗? 如果你需要提醒,想想什么的 10%,什么的 11% 吧。)

那里又回来了

这是另一个有趣的技巧，可以尝试使用计算器。键入一个三位数的数字，然后按相同的顺序再次键入相同的三位数，这样你就有了一个六位数的数字，例如 237 237。

按 "÷11="。你现在应该有一个五位数的数字。将此答案保留在显示屏上，按 "÷13="。现在应该有一个随机的三位数或四位数。按 "÷7="。现在，你将盯着开始时的三位数！

这是如何工作的？线索是 $7 \times 11 \times 13 = 1001$。要将一个数字乘以 1000，只需加上 3 个零，因此乘以 1001 就会重复原来的三位数：

237 × 1000 = 237 000

237 × 1 = 237

237 000 + 237 = 237 237

除法，就像你用自己的三位数做的那样，简单地"撤销"乘法。因为乘法和除法相互抵消，它们被称为"逆运算"。

魔法数：6801

有很多看起来显得很神奇的读心术，以"想一个数字……"开始。它们到底是怎么工作的，你也能做到吗？以下是你如何用你的数学技巧让你的朋友们大吃一惊。

谜题

试试以下的戏法。

- 记下任意三位数，确保所有三位数都不同。

- 现在再次写下数字，但要倒着写（即如果你选择了 259，写 952）。

- 从较大的数字中减去较小的数字。你的答案应该是三位数。然而，如果它是一个二位数，只需在它前面加一个零（即对于 37，写"037"）。

- 再次倒着写上一步的答案中的三个数字，然后对这两个新的数做加法而不是减法。现在你应该有一个四位数字。

- 现在是魔法部分。把这一页上下颠倒过来，看看标题：你现在应该看到你的答案在盯着你！（译者注：6801 颠倒过来看是 1089）

为什么的原因

要解开这个戏法的工作原理，想想你在学校算术的"百、十和个位"栏中做了什么。假设你首先想到的数字是 348；把它倒过来，你会得到 843。你的第一步是：

$$
\begin{array}{r}
8\ \ 4\ \ 3 \\
-\ 3\ \ 4\ \ 8 \\
\hline
4\ \ 9\ \ 5
\end{array}
$$

（百 十 个）

无论选择哪一个数字，有两个事实保持不变：在个位列中，低位数总是大于高位数（因为规则是较大的数减去较小的数。——译者注），在十位列中，数字是相同的，在这种情况下是 4。无论你被教用哪种方法进行减法，你都会发现，在减去个位数的过程中，从十位列中"借1"意味着十位列中的数学永远是 9。最重要的是，你答案的百位和个位数之和也总是等于 9。当你进入第二阶段时，这一点的重要性就变得清晰起来：

$$\begin{array}{r} 百\quad十\quad个 \\ 4\quad9\quad5 \\ +\ 5\quad9\quad4 \end{array}$$

个位列中的数字总是相加成 9，百位列中的也一样。十位列始终包含两个 9，得 18：

$$9\ (18)\ 9$$

当然，18 中的 1 应进位加到百位列，使最后的和为：

$$1089$$

换算基准

在换算货币或测量值时，令人难忘的"基准"可以使快速的心算变得容易得多——例如，如果你需要确定度假纪念品是否物有所值，或者想知道以千米为单位的距离以英里为单位是多少……或者反过来。

我需要准确知道吗？

有时，精确的换算很重要。例如，你不希望银行用粗略的估计来计算你度假货币的汇率，也不希望药剂师猜测处方剂量。但通常最有帮助的是，在你的手头上有一些现实的、容易记忆的等价物，这样你就可以很快达到一个"大致数字"。

第 4 章中有更多关于估算价值的内容，但这里有一些有用的基准建议，可以在你需要快速转换时，在你头脑中使用。无论你遇到什么情况，你都可以自己创造，无论是转换食谱份量，计算出你要走多远，还是设想海外销售的房屋建筑面积。

热还是冷？

摄氏度和华氏度在 −40° 时达到相同的读数。这具有一定的学术含义，也可能是测验的有用常识，但有没有更实用的天气指南？你可能已经知道了 0°C=32°F，这里有两个"反向数字"基准：

$$16°C=61°F$$

$$28°C=82°F$$

把这些记下来，你会发现很容易把其他读数与它们联系起来，而不必做复杂的转换。

钱、钱、钱!

与其试图记住准确的汇率，不如给自己提供一些舒适的基准。如果 1 兹罗提值 23 美分，那么 1 欧元大约有 4 兹罗提，50 欧元略高于 200 兹罗提。记住这一点，很容易判断华沙一杯 6 兹罗提的咖啡是不是敲竹杠，以及你是否买得起那件 600 兹罗提的衣服。

一个好奇的巧合

英里和千米之间的基本基准是 5 英里 =8 千米。然而，从 5 英里开始，英里 / 千米的对应数值也有斐波那契序列的惊人精度（下表）。所以 21 英里约为 34 千米，34 英里约为 55 千米，等等。制作一对斐波那契数字条，如下所示，将它们对应作两行，你就有了一个即时转换表。

　　　　　　　　　　　　　　玩转数字

千米	8	13	21	34	55	89	144	233	377	610	987
英里	5	8	13	21	34	55	89	144	233	377	610

斐波那契

比萨的莱昂纳多（约 1170—1250），被称为斐波那契，是一位非常有才华的数学家，他在 1202 年发现的算术序列可以在各种令人惊讶的地方检测到，有些地方非常出乎意料。

斐波那契和兔子

斐波那契在研究兔子繁殖的速度时发现了以他的名字命名的序列，甚至在今天，这个兔子问题也经常被用来向新观众介绍这个序列。

如果一对兔子每月繁殖一次，从 1 个月大开始，1 个月后总是繁殖 1 对（1 只雄性，1 只雌性），假设没有死亡，1 年后会有多少对？斐波那契发现，1 个月后仍然会有 1 对；2 个月后，将有 2 对（1 对成年兔，1 对新生兔）；3 个月后，有 3 对（1 对成年兔，1 对一个月大，1 对新生兔），但从第 4 个月开始，节奏加快：5 对，然后是 8、13、21 等。这个序列的一个显著特点是，每个项都是前面两个项的和：

1 1 2 3 5 8 13 21 34 55 89 144 ……

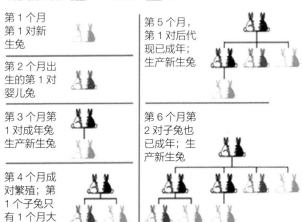

新生兔　　2个月前　　成年兔

第1个月
第1对新
生兔

第2个月出
生的第1对
婴儿兔

第3个月第
1对成年兔
生产新生兔

第4个月成
对繁殖；第
1个子兔只
有1个月大

第5个月，
第1对后代
现已成年；
生产新生兔

第6个月第
2对子兔也
已成年；生
产新生兔

自然界的序列

兔子繁殖模式显然是一个不切实际的例子，但斐波那契序列在自然界中比比皆是。向日葵的花冠就是一个著名的例子。它的种子以斐波那契序列形成的螺旋状生长。例如，顺时针数的第21个种子将位于下一个逆时针螺旋中第34个种子的旁边。外缘通常包含88个种子，另一个方向包含55个种子。松果和许多种类的贝壳一样，也有以斐波那契模式形成的螺旋。许多花的花瓣数，包括毛茛、野玫瑰、玉米金盏花、菊苣和含笑雏菊，都符合斐波那契序列中的数字：5、8、13、21、34、55或89瓣。

这个序列是数字之间存在迷人关系的一个例子。正如我们在之前看到的，它也等同于英里和千米之间的关系。这两个指标之间的联系是黄金比率，我们将在下一章探讨。

3

数的关系

不同民族的人都可以讲同一件事情，但听起来完全不一样，因为每个民族都用自己的语言来讲。数学已被描述为一种通用语言，但它也可以用各种不同的方式表达同一件事。你可能已经认识到，50% 和 0.5 只是表示"一半"的不同方式，但在本章中，你会更好地理解分数；你还将学习，例如，什么情况下 2 也可以是 10，甚至 a 或 x。

欣赏数额表达的不同方式，以及数字之间的关系，将使你在日常生活中使用数字方面大大轻松自如。

一个整数的各部分

分数、小数和百分数经常混淆，但这种情况不应发生。它们远不是独立的实体，只是表达同一事物的不同方式：整体的部分。你选择百分数或小数，可以简化一些计算，但重要的是要记住，它们只是不同形式的分数。

分数的其他形式

分数立即向我们显示，一个特定的整体被分成多少等份：1/16 是 16 个等份中的一个；3/4 是 4 个相等部分的 3 个；诸如此类。因为我们的数字系统是以 10 为基础的，十分之几和百分之几是非常常见的分式，它们通常更方便地表示为小数和百分数：1/10 是 0.1 或 10%，1/100=0.01 或 1%。

沿着一条线（表示整体或 1）标出等份，可以看出相同的分数是如何以不同的方式表示的。

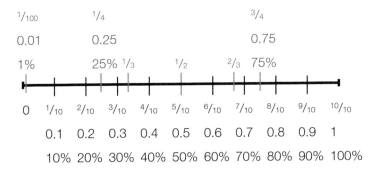

　　　　　　　　　　　　　　　　　　　　玩转数字

循环小数

你会注意到，1/3 和 2/3 在上图的线中并不是用小数或百分数表示的。在计算器上将 1/2 转换为十进制可以很方便：1÷2=0.5。但试着用 1 除以 3，你会得到什么结果？

由于小数只能表示精确的十分之一、百分之一或千分之一这样的数字，因此小数受到了限制。你的计算器显示 1/3 为 0.333333……即使这不是正确答案——数字 3 会永远重复。循环小数通常写为顶部有一个点的数字，例如 0.3̇。不借助计算器，你能计算出 1/9 是如何写为循环小数的吗？

循环小数不是只有单个数重复出现；有些会生成有趣的数字模式。尝试 1/11、1/13 以及 1/7、2/7、3/7 等。

为什么不总是用同一种格式？

我们通常用分数来说话和思考，也许是因为它们可以如此清晰地可视化——我们可以很容易地想象半个苹果，或者把一个蛋糕分成 8 等份。但百分比是一种更方便的格式，用于描述总额如何被划分为不同的部分。假设一家商店的利润按部门细分，用分数表示如下：休闲服：1/4；儿童玩具：3/20；运动器材：2/5；男装 1/5：目前还不清楚哪个部门利润最高。然而，将这些数转换为百分比（25%、15%、40%、20%），一切都会变得很清晰。

小数的加法和减法通常比分数更容易。1.125+3.4 或 11/8+32/5，哪个更容易？这就是大多数货币现在都是十进制的原因之一。百分数和小数也常常使一个特定的分数实际代表的内容更清楚。例如，尝试想象一个数字 14/25。将其视为 56%（56/100）则更清楚，或者说，略高于一半。

百分比以及百分比变化

百分比也是一种方便的表达增加或减少的方式，例如涨工资或零售商品加价。这种比较显示的是百分比变化。

如果一个孩子在一年内从 80 厘米长到 100 厘米，则相差 20 厘米。要找到这表示的百分比增加，只需将变化量除以起始量，然后将这个数字乘以 100。由于 20÷80×100=25，我们可以看到孩子的身高增加了 25%。

记者和政客们很快就意识到，用百分比变化而不是实际数字来谈论，会引发一些有趣的可能性。假设去年进行了 1000 次心脏手术，其中只有一次结果是患者死亡。今年，在类似的时间段内，只有两人没有幸存。以任何标准衡量，手术水平都不错，但想象一下这个标题：

心脏手术死亡率增加 100%！

这是真的，但是这对这些数字的解释并没有帮助。媒体中以误导的方式使用百分比的例子并不难找到。要小心百分比变化已被用于造势的实例，并查看数据背后的情况，以更好地了解真实情况。

比较与对照

以下是百分比变化有助于影响我们感知相对数量的一种方法。

假设，在你去买新车的路上，你路过一家商店，进去买你最喜欢的巧克力。当你发现它从 40 美分涨到 1 美元时，你会感到恶心！你恼火地绕道 10 分钟到另一家商店以通常的价格 40 美分购买了巧克力。再往前走一点，你注意到一个巨大的广告牌，上面登着你计划花 12 000 美元购买的同一款汽车，在半英里外的一个商店里以 11 999.40 美元的价格在出售。

你不会想绕道去另一个商店买这辆车——谁会这么做，只是为了节省 60 美分？但这正是你刚刚对巧克力所做的！让这两种情况看起来如此不同的，是百分比的变化：巧克力的价格大幅上涨了 150%，而便宜的汽车则打了 0.005% 的折扣，仅为 1% 的千分之五。

百分点

一个常见的错误是混淆了百分点和实际百分比。例如，如果一家金融报纸报道透支率上升了 3 个百分点，那就是说透支率已经上升了 3 个点：也许从 6% 上升到 9%，或者从 22% 上升到 25%。这与 3% 的涨幅非常不同。

心算百分比

心算百分比的关键是将它们分解成易于记忆的块。使用你已经学到的数字模式和减半 / 加倍技能很有帮助。

易于转换

下面是如何将数字从一种形式转换为另一种形式的简单提示。这些不一定是最快的方法，但它们总是有效的——没有棘手的例外。

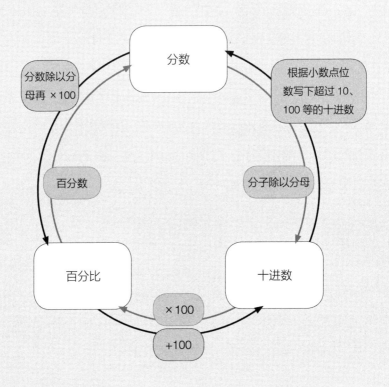

*因此，例如，6.2 为 $6\frac{2}{10}$，6.25 为 $6\frac{25}{100}$。分数可以更简单地表示为 $6\frac{1}{5}$ 和 $6\frac{1}{4}$。

基本组建模块

最基本的百分比块是 10%。要找到任何数字的 10%，只需将其除以 10，将每个数字向右移动一位（或者，换言之，将小数点向左移动一位）。

- 求 26 的 10%：26÷10=2.6

- 13.7 的 10%=1.37

- 12340 的 10%=1234

  （严格来说，1234.0，但我们可以去掉零）

  要找到 1%，只需把 10% 的技巧用两次：

- 26 的 1%=0.26

- 6153 的 1%=61.53

- 13.7 的 1%=0.137

  减半和加倍有助于使其他一些百分比易于计算。快速计算出 5%：当然，50% 是一半，你可以通过找到 10% 然后减半，或者找到 50% 的 10%，如下例所示：

- 26 的 5%：26×10%=2.6；二分之一是 1.3

- 26×50%=13，13 的 10%=1.3

  通过组合这些基本块，你可以很容易地算出任何百分比。例如，3000 千米的 60% 是多少?

- 一条好的路线是：50%+10%：1500+300=1800 千米。完成!

- 另一种方法是找到 10%（300 千米），然后乘以 6。

  像 19% 这样的数需要更多的想象力，但不必望而却步。下面的办法怎么样：

- 20%（10% 加倍），然后减去 1%？

这里有一些好消息。在学校里，我们经常被告知，我们必须用一种特定的方法进行计算。但随着你信心的增长，你会意识到有多种方法可以解决问题，你可以选择对你最有意义的方法。在头脑中计算百分比就是这种灵活性的一个很好的例子。要计算某个数的 16%，你可以选择先算 1%，然后连续四次翻两倍。我可能更喜欢先算 10%，再加一半（5%），再加 1%。第三个人可能会选择找到 10%，加倍，然后 4 次减去 1%。我们都会是正确的！

你将如何算出：

- 一个数的 75%？
- 一个数的 48%？
- 一个数的 17.5%？

每当有机会，都应该练习——例如，25% 或 33% 的销售折扣，或 15% 的服务费。

比率和比例

比率和比例是表示整体各部分的另一种方式，但它们涉及的是相对数量，而不是实际数量。混合颜料、调鸡尾酒和设计美学上吸引人的建筑都需要使用正确的比率来达到令人满意的比例。

谁使用比率?

比率,写作 $X : Y$,描述一个量与另一个量的关系。你可能还记得在学校学过计算比率——关于你需要多少罐蓝色和黄色颜料才能得到特定深浅的绿色颜料的问题,在数学考试中一直很流行——但在现实世界中,比率也被广泛使用。厨师、麻醉师、建筑商、美发师,仅举几个例子,如果他们要成功地混合荷兰汁、麻醉剂、混凝土或染发剂,都需要对比率有很好的感性认识。

环顾一下你的家,你会发现有关的按比率混合配料的说明或信息:"用 4 份水稀释 1 份南瓜";"每杯米饭加两倍体积的水";"这包中的氮、磷、钾肥料值为 8 : 2 : 6。"

电视屏幕有很大的尺寸范围,但比率非常有限,因此,无论宽度如何,高度都是成比例的。一台宽屏幕 16 : 9 电视,为每 9 个单位高度对应 16 个单位宽度,与尺寸无关。当你在电脑上处理数码照片时,你可能会有一个选项来保持住图片尺寸的比率,这样如果你调整照片的宽度时,高度就会自动调整为"inpro"或"成比例"。

处理比率

我们中的许多人都经历过酱汁太稀、混凝土不凝固等,因为配料比率不对。美发师注意到,她必须将过氧化氢和红色着色剂按 4 : 1 的比率混合,即如果她使用 40 毫升过氧化氢,她需要添加 10 毫升着色剂。她意外地将 20 毫升着色剂倒入搅拌碗中。经过快速思考,她决定用额外的 10 毫克过氧化氢来平衡过量的 10 毫升着色剂。然而,很快她可能会听到镇上最新式的、最红的红发女的尖叫声……

当然，她本应该再加 40 毫升过氧化氢的。为了保持比率不变，相关数字必须全部乘以或除以相同的量。除非比率为 1∶1，否则两者相加或相减的相同量将改变比率。如只添加 50 毫升过氧化氢，混合物的比率就变成了 50∶20，简化到最低数字，这个比率是 5∶2 或 2.5∶1。

比例

比例与比率有关，但略有不同。比率表示一个部分与另一个部分的关系；比例表示一部分与整体的关系。运气不好的理发师的正确配比为 4∶1，但也可以将其描述为 1 份着色剂和 4 份过氧化氢。这一共有 5 份，所以着色剂的比例是（整个混合物的）五分之一。

用比率来理解大数字

当试图关注大数字的真正含义时，用比率来思考可能会很有用。如果一个国家的人口估计为 6000 万，其国家卫生计划支出为 750 亿英镑，那么我们可以利用这些数字之间的比率来了解人均支出：

6000 万∶750 亿

分阶段减少两侧的比率得出：

60∶75 000 = 6∶7 500 = 1∶1 250

因此，平均而言，人口中每人花费 1250 英镑。

用比率来计算（答案见解答。）

试着自己动手处理比率。

玩转数字

- 查尔基牧师的钟楼里有蝙蝠。他注意到每有 20 只黑蝙蝠就有 30 只棕色蝙蝠。如果总共有 200 只蝙蝠，它们中有多少是棕色的？

- 威廉、托马斯和丽贝卡将按照他们的年龄比率分享一袋 90 颗糖果。威廉 5 岁，托马斯 6 岁，丽贝卡 7 岁。他们每人会收到多少糖果？（提示：尝试降低比率和 / 或找出一份糖果的数目。）

- 血液是血浆和各种细胞的混合物。在健康人里，这些细胞占血液的 45%。你如何描述血浆的比例？血浆与细胞的比率是多少，降低到最简单？

在进一步往下读之前，请尽可能准确地测量一张信用卡的水平边和垂直边。使用计算器将较大的测量值除以较小的测量值。你可能会得到 1.6 左右的答案，这意味着这两个维度的比率是 1.6∶1。这不是偶然的——翻到第 053 页来找出原因。

一种特殊的关系：Pi

Pi（通常写成希腊字母 π）是几个世纪以来令数学家着迷的传奇数字之一。这也许是无理数最著名的例子，这意味着它永远不能写成精确的小数。

尽管 π 是一个"无理"数字——不可能精确地用十进制形式写下来——但它代表了一种非常精确的关系：圆的直径与其周长的关系。古希腊人发现，将一个圆的周长（圆周）除以将同一个圆切成两半的任何线段（直径）的长度，得到的答案总是一样的：略大于 3.14。一个有趣的显示方法是，让一群人手牵着手围成一个圆，然后宣布，你需要人的数字的正好三分之一才能画出一条穿过圆圈的直线。你每次都会对的!

爱因斯坦的一点帮助

如果你想通过记住 π 的前 15 位数字来给你的朋友留下深刻印象,以下是阿尔伯特·爱因斯坦的一句话,它将帮助你:

"我多么需要一杯酒。当然,在涉及量子力学的沉重篇章之后,我会酗酒。"

"How I need a drink. Alcoholic, of course, after the heavy chapters involving quantum mechanics."

这有什么帮助?试着数一数上面英文里每个单词中的字母。(314159265358979)

希腊人还研究出,你可以通过将圆的半径平方,然后将答案乘以 π 来求出任何圆的面积。[你可能还记得学校里学的两个公式:S(面积)$=\pi r^2$,C(圆周长)$=\pi d$(或 $2\pi r$)。]

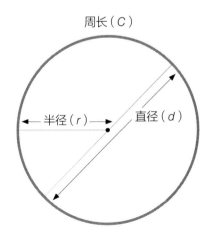

周长(C)

半径(r)　直径(d)

数字 3.14 只是 π 的近似值。到小数点后 25 位，π 等于 3.141592653589793238462643，但这也不是精确的值。计算机已经将 π 计算到小数点后一万多亿位，但仍未达到极限。

黄金比率

黄金比率最初用希腊字母 Φ（phi）表示，由于其美感，黄金比率也被称为黄金分割，甚至是神圣比率。它是由希腊数学家欧几里得发现的，但大多数那些被普遍认为是正确的东西，往好里说是不可靠的，往坏里说是完全错误的！

什么是黄金比率？

正如我们在第 047 页看到的，比率是两个量之间的比较或关系。考虑一条直线 AB，该直线上有一个点 C，但不是中心，而长度 AC：CB 的比率等于 AB：AC 的比率。这就是黄金比率。

黄金比率的精确值可以通过将 5 的平方根加 1 以后减半来确定，或者用数学公式（1+$\sqrt{5}$）÷2 来表示。比率是一个无理数——这意味着它不能精确地表示为小数，并且没有循环小数。这个特点使它在自然以及艺术中都很重要。然而，在我们看一看黄金比率的例子之前，揭穿围绕黄金比率成长起来的几个神话是有趣的。

"美丽的东西因为美丽的力量而显得正确……"

伊丽莎白·巴雷特·布朗宁 (1806—1861)

两种常见的谬误

许多人认为黄金比率正好是 1.618，包括作者丹·布朗（Dan Brown），他在《达·芬奇密码》（the Da Vinci Code）中引用了这个数字。虽然 1.618 是一个很好的近似值，但它并不精确，因为黄金比率是一个无理数。

人们还普遍认为，古代文明如希腊人、罗马人和埃及人痴迷于黄金比率，并在他们的建筑中广泛使用黄金比率，许多文艺复兴时期的艺术家也是如此。这是一个有点误导性的说法。黄金比率无疑令人赏心悦目，因此，许多被认为具有审美吸引力的建筑或绘画都与其相近（例如，蒙娜丽莎脸的高度和宽度完全符合黄金比率）也就不足为奇了。然而，这种情况的大多数实例都倾向于回溯性地将证据与理论相吻合——艺术家和建筑师创造了令人满意的比例，而这些比例往往被证明符合黄金比率，因为直到 1835 年，"黄金比率"这个说法才被使用！

黄金比率与斐波那契序列

斐波那契序列中相邻项之间的比率，通过将较大的数除以较小的数得出，这个值很快趋于黄金比率：

$$1 \div 1 = 1$$
$$2 \div 1 = 2$$
$$3 \div 2 = 1.5$$
$$5 \div 3 \approx 1.6666$$

$$8 \div 5 = 1.6$$

$$13 \div 8 \approx 1.625$$

$$21 \div 13 \approx 1.615$$

$$34 \div 21 \approx 1.619$$

$$55 \div 34 \approx 1.618 \text{（和 } 34 \div 55 \approx 0.618\text{）}$$

（你可能还注意到，这解释了第 037 页上的千米 / 英里换算表：因为 1 英里约为 1.6 千米，它们之间的比率近似于黄金比率，因此与斐波那契序列密切相关。）

伊斯兰几何艺术广泛使用斐波那契数来产生一些精美的图案。艺术家们认为相继项的比值特别神圣，因为 1/0.618=1+0.618，1 被认为是统一（或宇宙）。

黄金比率矩形的令人愉快的视觉平衡使其在许多现代设计中也得到了应用，包括电视、窗户、门框、杂志以及信用卡等。

有意义的平均值

我们都知道平均值：它们是中间地带，是中间尺度。然而，它们可以用不止一种方法进行计算，从而得出不同的结果，并且很容易被误导和误用。

误报明显事实

考虑以下陈述：

"全国有一半的孩子数学成绩低于平均水平！"（《泰晤士报》头条）

"平均每个家庭有 2.3 个孩子。"

自然界的黄金比例

黄金比率令人满意的比例解释了它在艺术和设计中的反复使用，但真正吸引人的是黄金比率和相关斐波那契序列在大自然的频繁出现。一个突出的例子是树叶生长的角度。

理想情况下，当植物生长时，其新叶的出现角度应与其下方树叶的角度略有不同，这样新叶的生长不会挡住现有树叶的光线。但是，转什么角度最好呢？例如，旋转 90° 意味着第五片叶子会完全遮住第一片叶子。大自然用黄金比率来解决这个问题。在许多植物上，每片叶子围绕茎生长（大约）1.618 圈。这需要转一整圈（360°）加上大约 222.5°。因为这个角度与黄金比率有关，黄金比率是无理数，因此永远不会精确重复，所以无论植物长得多大，都不会有精确重叠的叶子。

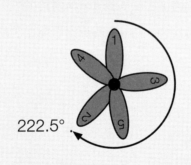

"大多数人的腿的数目超过了平均值。"

这些在技术上都是正确的，但没有一个是非常有用的，最后一个只是让我们发笑。从本质上讲，有三种截然不同的平均值计算方法，每种方法都只适用于正确的情况。使用错误的方法会导致像上面给出的那样愚蠢或误导性的结果。

平均数、中位数和模态

最常见的平均值类型是平均数，即所有数据简单地相加并除以项的总数。例如，2、6 和 7 的平均数是 5，因为 2+6+7=15 而 15÷3=5。但这并不能告诉我们关于各个数字的情况。例如，-82、0、100 和 2 的平均数也是 5。正是平均数的使用使得关于 2.3 个孩子的陈述在数学上是正确的，但当然现实中不正确。

另一种方法是计算平均中位值。例如，如果我们想知道一个典型的学生在考试中的分数，这时候是很有用的。为了计算出来，这些分数是按升序排列的，中位值就是中间值。如果数值的总数为偶数，则中位值在两个中间值之间。由于名单中有一半的数字总是低于这个中间值，所以使用中位数平均值可以使《泰晤士报》的说法成立；不管孩子们做得多么好，他们中的一半总是低于中位数。

有时，平均数和中位数都不是一个有用的衡量标准，因为我们想要衡量最常见或最流行的项目或事件的平均值。假设一家市场调查公司想知道家庭每年度假多少次。在调查居住在虚构的戴斯摩大道上的 10 个家庭时，他们可能会得到以下答案：1、1、1、1、1、2、2、3、4、5。

什么最能代表平均答案?

平均数为（1+1+1+1+1+2+2+3+4+5）÷10=2.1。中位数为1.5（中间两个数字，1和2和的一半）。但这两个数字都有误导性，因为你不可能过一个"部分"假期！更为合理地是观察最常见的回应，即1。这称为模态，或模态平均值。法国人甚至有一个表达式，"a la mode"，意思是"流行"或"时尚"。在这种情况下，因为最常见的答案是1，所以我们说这是一种模态：戴斯摩大道家庭的平均模态是一年一次假期。

得分是……

众所周知，使用评委小组给出的平均分数判定比赛得分是主观的。如果评委受到偏袒或政治忠诚的影响，又该怎么办？规避这个问题的一个聪明但简单的方法涉及一种不同类型的平均，通常称为"条件平均"。在这个系统中，每个参赛者的最高和最低分数都会被忽略，从而排除了一个过于热心的裁判（甚至是报复性裁判！）人为地影响平均水平的上升或下降。

"适当性"原则应该决定你选择哪种方式来表达平均值。大多数人的腿的数目超过平均值的说法只适用于平均数，因为只有一条腿或没有腿的少数人会把平均数降到两条腿以下——可能在1.99到2之间。但常识性的答案讲模态平均值，当然是两条腿。

"一个好的决定是基于知识而不是基于数字"。

柏拉图（约公元前428—前347）

A 代表 Algebra（代数）

$E=mc^2$，$a^2+b^2=c^2$，听起来熟悉吗？对许多人来说，代数是数学中所有曾经让人畏惧的东西的缩影：它看起来毫无意义和抽象，直到今天，它常常是一个充满负面情绪的词。然而，它不必是这样的：代数其实可以用一种完全不同的方式来看待……

代数到底是什么？

一个典型的外行定义可能不会超出"字母和方程式"。但这并不能帮助我们理解代数的目的或价值，所以这里有一个稍微不同的定义：

代数是数学语言的一部分，它使用符号来表示数字。

这本身并不是一个复杂的概念。我们一直使用符号来表示其他东西：条形码、接线图、打钩、十字、箭头，那么为什么不用字母 a、b 或 x 代表一个数字呢？

一个万能的体系

代数允许我们以不局限于某个特定数字或数字范围的方式来思考。它使我们能够对数字在给定特定参数下的情况作出广义的数学陈述。例如，你可能遇到过"想一个数……"类型的把戏。它们似乎总是成功，但人们怎么能如此确信自己会得出预测的答案呢？这里有一个简单的例子。

想一个数

加倍

加 6

除以 2

减去你最先想到的数字

你的答案是 3

但是，答案总是 3 吗？我们如何证明这对任何数字都有效？是否有任何起始数字对其无效？为了找出答案，我们可以使用一些基本代数。

我们不以任何特定的数字开头，而是以 x 开头。这个字母可以代表我们喜欢的任一数字。

- 加倍 x 得到 $2x$（2 乘以 x，或"我们称之为 x 的事物的 2 倍"）。

- 加 6 等于 $2x+6$。请注意，我们不是在加 6 个我们的数字（这将是另一个 $6x$）；正如谜题所要求的那样，我们特意加了 6。

- 接下来，我们必须除以 2。这意味着将 $2x+6$ 的每个部分减半。$2x$ 的一半是 x，6 的一半是 3，所以 $2x+6$ 的一半是 $x+3$。

- 最后，我们需要减去开始时的数字，这一步是掌握了条线戏法的关键。我们只是拿掉一开始选择的东西——我们称之为 x 的数字。从 $x+3$ 中取走 x，剩下的只有 3。注意：我们没有提到原始数字的大小，所以，无论 x 代表什么数字，我们已经证明了这个戏法是成功的。

代数为什么这么重要？

让一个符号代表任何数字的想法非常强大，因为它让我们可以对整个范围，或者数学家称之为变量，问一个问题"如果呢？"。代数构成了微积分的基础，这是数学思维的一大进步，为工程和物理等领域创造了可能性。如果没有代数，我们将永远无法访问月球、建造大型喷气式飞机或制造计算机。

高斯最先进入公众视线的一件事是他对天文学家应该在哪里寻找谷神星（Ceres）的预测。1801 年，当这颗"丢失"的小行星被重新发现时，它正在高斯代数计算所说的位置。

方程

方程是代数中一个备受诟病但又至关重要的部分。在最简单的形式中，它们仅仅是两个或多个表达式具有相同值的陈述。求解方程就是找出代表这些陈述未知部分的符号的值。数学家经常把方程描述得很美。尽管这个想法可能会逗乐你（或使你困惑），但不可否认，它们同时包含了揭示真理、确定性和逻辑的能力，许多人觉得这很令人愉快。

数字的基数

我们的西方数字系统是以 10 的倍数为基础的，称为"十进制"或"基数 10"。我们大多认为这是理所当然的，但实际上我们可以使用的基数的数量没有限制。事实上，我们也使用其他基数，只是有时没有意识到这一点。

用不同的基数工作

当你学会从右边的个位开始，并将 10 "进位"到左边的下一列（100）时，下面的加法可能在学校里看起来很熟悉。每列的值从右到左递增以 10 倍（个位、十位、百位等）。

费马的最后定理

20 世纪最受关注的方程之一是费马的最后定理。17 世纪的法国数学家皮埃尔·德·费马（1601—1665）知道，可以将两个平方相加，以产生另一个平方。

例如：

$$3^2+4^2=5^2$$

$$5^2 + 12^2 = 13^2$$

他的定理是，除了平方以外，任何东西都不可能做到这一点；不是立方（3），也不是四次方（4）或更高。用代数表示，费马推测，如果 a 和 b 是正整数，那么 $a^n+b^n=c^n$ 是一个方程，对于任何大于 2 的 n 值都没有解。

然而，证明它成了一个令几代数学家困惑的挑战，这个看似简单的定理 300 多年来一直未被证明，直到 1995 年英国数学家安德鲁·怀尔斯（Andrew Wiles）解决了它。费马（Fermat）曾写道："我有一个关于这个命题的真正奇妙的证明，这个证明的范围太窄，以至于无法容纳。"我们永远不知道他曾经是否正确！

费马方程是一个极好的例子，说明了简单性和复杂性如何被封装在一个单一、卓越、美丽的数学真理陈述中。

```
          百 十 个
           2 5 8
           1 7 7
           4 3 5
            1 1
```

但是想一想你会如何加时间的长度——比如 13 小时 25 分钟加 11 小时 50 分钟。

```
          时  分
          13 25
          11 50
          25 15
           1
```

不管你是否意识到了这一点，你都会在 60 进制下找到答案，因为 1 小时有 60 分钟。此外，如果你要用天数来表示总数，你会切换到以 24 为基数，得出 1 天 1 小时 15 分钟。

古代巴比伦的回声

以 10 为基数需要 10 个不同的符号（包括非常重要的零）来表示每个数值：0、1、2、3、4、5、6、7、8、9。古巴比伦人是用惊人的基数 60 来计数的。他们分配了 1 到 10 个独特的符号，但 11 的符号是"1"符号旁边加"10"符号。最大的数字是 59，由 50（共 5 个"10"符号）和 9（共 9 个"1"符号）组成。这非常合乎逻辑，并且包含了我们的基数 10 系统的初步设想。

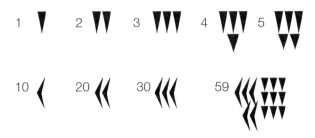

　为什么选择一个这么大的基数？原因几乎可以肯定的是，60 有很多因子（1、2、3、4、5、6、10、12、15、20 和 30 都精确地除尽 60），因此很容易将东西划分开来。

　这个古老但经久不衰的基数有助于解释为什么时钟被建造成圆形并被划分为 60 份，同时，在几何学和微积分中，角度通常以度来测量，最高可达 360°（60×6）。

用不同的基数来工作

　基数可以使用不同数目的符号，但它们都以相同的方式工作。它们可以按列或"位"排列，右边是个位（1），然后是基数，左边的每个位的值乘以基数来定义下一个。对于基数 10，位是个位（1）、十位（1×10）、百位（10×10）等。对于基数 3，位是 1、3（1×3）、9（3×3），27（9×3）和 81（27×3）等。基数 5 的前四位值是什么？

　那么，比方说，176 如何在基数 3 中重排？从 176 以下的最大的 3 基数开始，即 81。要找出每个较低位的值，问：这个数字占剩余值的多少倍？

　所以 176 以基数 3 表示为 20112。

　　　　　　　　　　　　　　　　　　　　　玩转数字

176 中有多少 81?	14 中有多少 27?	14 中有多少 9?	5 中有多少 3?	2 中有多少 1?
2	0	1	1	2
81 × 2 = 162; 剩下 14 (176 − 162)	27 太大，14 无法容纳	剩下 5 (14 − 9)	剩下 2 (5 − 3)	

二进制系统（答案见解答。）

基数 2 或二进制系统在科学中具有特殊的重要性。由于只使用数字 0 和 1，它们可以用"开"或"关"、有电脉冲或无电脉冲表示，这是所有计算机"大脑"的基础。

标题是 1、2、4、8 等。你能算出：

· 如何将数字 5 写成二进制？

· 二进制数 110 如何写成十进制？

插话

有名的数学家

　　许多杰出的数学家通过他们的发现帮助我们加深了知识。有些人的名字确实家喻户晓，比如艾萨克·牛顿、阿基米德和阿尔伯特·爱因斯坦，但更多的人尽管取得了巨大的成就，还是以某种方式摆脱了"超级明星地位"。以下是一些鲜为人知的人，他们不仅塑造了数学，而且塑造了我们的思维方式。

　　玛丽·索菲·杰曼（1776—1831） 杰曼是生活在 18 世纪和 19 世纪的天才自然数学家，但由于性别原因，她不被鼓励从事数学职业。尽管缺乏正式培训，但她还是努力秘密学习，并与高斯建立了长期通信和（后来的）友谊，高斯高度赞扬了她在数论和费马的最后定理方面的工作。在她职业生涯的大部分时间里，她在与其他数学家通信时都假装是一个男人，以免被忽视。

　　斯里尼瓦萨·拉马努扬（1887—1920） 印度的拉马努扬在西方鲜为人知，至少在学术界之外是这样，他是一位极具独创性的思想家，基本上是自学成才的。故事里讲的是他到牛津去会见数学家 G.H. 哈代，当时他乘坐的出租车号码是 1729。当哈代说这是一个相当乏味的数字时，拉马努扬纠正了他，指出 1729 是可以用两种不同方式表示四次方之和的最小数字。但你可能已发现这一点了！

　　大卫·布莱克威尔（1919—） 布莱克威尔出生于美国，在令人难以置信的 22 岁时获得了数学博士学位。他可能是最有成就的非裔美国数学家，如果他 50 年后出生，他很可能已经获得了他应得的广泛声誉。他擅长统计学，1954 年与人合著《游戏与统计决策》。1965 年，布莱克威尔成为美国国家科学院的第一位非裔美国人。

威廉·罗文·汉密尔顿（1805—1865） 爱尔兰最著名、最杰出的数学家汉密尔顿提出了四元数的概念，它允许 −1 有几个平方根，而不是一个平方根。这一发现对全世界的数学家和物理学家都有巨大的益处。他从来没有得到应有的承认，部分原因是他的想法是如此复杂，除了数学家外，任何人都很难理解！

阿尔·赫瓦利兹米（约 780—约 840） 这位来自波斯的杰出学者对地理和天文学做出了重大贡献，但他在代数方面的开创性工作最为人们所铭记。在他开始使用字母来概括数字之前，世界一直严重依赖于希腊人有限的几何数学。"算法"（algorithm）一词源于阿尔·赫瓦利兹米名字的拉丁形式。他还向西方介绍了阿拉伯数字系统。

约翰·纳皮尔（1550—1617） 作为一位富有的苏格兰地主和数学家，纳皮尔被错误地认为发明了对数，而对数又导致了数学上的一些重大发现。然而，当他于 1614 年出版了《令人钦佩的对数表的描述》时，他确实开拓了新的领域，该书使对数引起了公众更广泛的关注。纳皮尔非常受欢迎，可能是 16 世纪和 17 世纪苏格兰最接近科学的明星。许多人第一次看到他的作品都是有关"纳皮尔杆"或"纳皮尔氏骨"，这是一套可以辅助快速完成复杂乘法的棍子。

海帕蒂亚（约 370—415） 作为公认的第一位女性数学家，海帕蒂亚被认为是值得拉斐尔关注并画下的人物。宗教政治掩盖了她生活的许多细节，但我们确实知道她是 4 世纪埃及的数学老师和哲学讲师，她编辑和撰写了数学课本和评论。她很可能是被反对她的地位的心存嫉妒的宗教狂热分子处死的，由于她对男女平等的尊重。

布拉马古塔（598—670） 写一本数学教科书已经够难了，要用韵文写就更难了。然而，这就是公元 628 年布拉马古塔用他的《婆罗门修行法》所做的。这是一项重大成就，原因有二：它是第一本将零本身称为数字的教科书，也是第一本出版解二次方程公式的书。

阿达·洛夫莱斯（1815—1852） 她是拜伦勋爵的女儿，是计算机的先驱。引用她的话说："几乎在每一次计算中，都有可能对过程的连续性进行各种各样的安排……一个重要的目标是选择这样的安排，以便可以将完成计算所需的时间减少到最低限度。"这是本书恰到好处的摘要!

4

日常数学

数字和计算充斥着我们的日常生活：无论是仅仅计算一次购物找回的零钱，制订详细的家庭预算，记录你的孩子已经长高了多少时，还是为一群伴娘测量她们的服装面料。当你对数字变得更加警觉时，你可能会发现数学与生活的许多方面（从股票市场到汽车的卫星导航系统）密不可分，这也激发了你的兴趣。

时不时地，我们会遇到需要更深入思考的数字：这个特价是否如它所说的那样好？我怎样才能算出哪一笔贷款是条件最好的？各种利率在实际货币条款下意味着什么？如果你玩鸵鸟游戏，把头埋在沙子里，而不是抓住数字背后的现实，就可能意味着错过了好机会，或者更糟的是，被人利用了。

市场的力量

我们经常在购物时遇到一些日常的数学问题。我们无法完全控制我们支付多少金额，但了解一些影响价格的因素，不被虚假的"好"交易所欺骗，这是很有道理的。

规模经济效应

为什么商店越大，他们似乎能给商品的定价越低？这在很大程度上与规模经济效应有关。

假设，我想从日本进口一辆汽车，然后卖给客户。每次我订购汽车时，我都必须支付工厂成本（比如说每辆车 6000 元）、运输成本（1000元）、获得汽车进口许可证的成本（1000 元），最后还要支付仓储设施的租金（1000 元）。对于一辆车来说，这意味着我必须向客户收取 9000元（每辆成本）的费用，以实现收支平衡。然而，如果我有 4 个客户，他们可以分担运费、许可证费和仓储费。这意味着我现在的总成本为27 000 元，但我的单位成本——总成本除以单位数量（4）—— 从 9000降至 6750 元，减少了 2250 元，即 39%。

正是这种大规模分担成本的做法，使得大型买家经常能够与小型买家削价竞争。例如，绕半个地球运送 1000 个玩偶可能在财务上不可行，但如果你交易数百万个玩偶，那么即使考虑到运输成本，你也可以从以低单位成本提供大量货物的国家进口商品，这在经济上是很有意义的。

大量交易也会赋予你"购买力"。大型超市现在购买了 80% 的商业化种植的食品，农民们通常准备接受较低的单位产品价格，因为那是有保证的大规模销售。

单一产品也存在规模经济。商店可以提供大包装的肥皂粉或玉米粉圆饼，单位重量的价格比小包装低，部分原因是包装与内容物之比值更低。

这是一个便宜货吗？

外出购物时，有数学头脑是件好事。如果你资金紧张，你需要确保你得到了最好的交易。商店总是试图通过"不可错过"的促销吸引我们的眼球，以诱使我们拿出钱来。但是，这些买卖是否像看上去的那样好呢？并非总是如此。通过使用你在第 2 章中掌握的心算技能，你可以分辨真假。

买一送一（BOGOF）是营销用语中一个不起眼但越来越流行的缩略语。这很直观，而且（只要你真的想要这两件商品）很划算："2 件付 1 件的钱"。

另一个受欢迎的报价是"3 件付 2 件的价钱"。有些人困惑地认为这和买一送一是一样的——毕竟，你在这两种交易中似乎都得到了一件免费商品。但在接受这样的交易之前，先做一些心算。你希望能为每件商品节省三分之一的成本。但是，如果商品种类增加，而不是同种的商品，商店可能只免费提供最便宜的那种商品，而如果免费商品价格较低，那么它到底有多便宜？而且你想要那第三件东西吗？还要留心百分比的变化，以帮助你保持比例感。

这些不一定是糟糕的交易，但很明显，在购买所谓的便宜货时，你需要明智。

香肠与土豆泥（答案见解答。）

你的孩子请朋友来喝茶，你需要 12 条香肠和 1000 克土豆。下面有很多特别优惠：

商店	香肠价格	土豆价格
小商店	39 便士每根	26 便士 / 袋（每袋 100 克）
便宜店	53 便士每根 （今日买 4 付 3）	49 便士 / 袋（每袋 200 克）
降价街角店	45 便士每根 （今日降价 10%）	2.4 镑 / 袋（每袋 500 克， 1 镑 = 100 便士） 今日买一送一

你需要找到以下问题的答案：

* 你应该在哪里买香肠？

* 土豆在哪里买？

* 如果你只有时间去一家商店，你应该去哪里？

条 码

你可能不会再看它们一眼。但这些条纹和数字背后的算术是数字世界中隐藏信息的一个迷人例子。

条形码遵循一种独特的模式，其中最常见的是 12 位通用产品代码。普通可乐罐需要不同于减肥可乐罐的代码，而减肥可乐罐可能需要 6 个不同的代码，以此类推。每种待售产品都有一个独特的条形码。最大可能的 12 位数是 999 999 999 999，小于 1 万亿（100 万个百万或 1000 个十亿）。

每个数字由 4 条条纹（白/黑/白/黑）编码其厚度来决定其值

校验和位数

ISBN 978-1-84483-832-5

9 781844 838325

前 6 位数字表示原产国和制造商

最后 6 位数表示产品本身，由制造商指定

巧妙的算术在一个称为"校验和"的第 13 位数字（但通常放在开头）。计算机要识别物品，必须能够检查代码是否被准确读取。你也可以这样做：

首先，将位置 1、3、5、7、9 和 11 的所有数字相加，然后将总数乘以 3。

接下来，将位置 2、4、6、8、10 和 12 中的所有数字相加，并将此总和与上面乘法结果相加。

取上面总和的最后一位，从 10 中减去它。这应等于校验和。

价值的估计

有时，我们会被数学计算的细节所压倒，而忽略了一个事实，即我们实际上需要的只是一个适当的近似值。然而，一旦我们意识到这一点，我们就可以简化问题并找到答案。

越过数字看问题

当面对一个当场要做的计算时——也许是计算出要买多少油漆或布料，或者给服务员多少小费——很多人都会感觉到一种数字盲症：我怎么可能计算出那个的百分比，或者我从何处开始将墙的尺寸变成油漆罐的数目？与其被细节所淹没，不如养成一种习惯，超越"所有这些数字"，冷静地考虑它们的实际价值。

作为第一步，问问自己：我需要精确地知道，还是只需要知道"大约多少"？通常，答案是后者。

假设餐厅账单为 68.54 美元，建议给 12.5% 的小费。乍一看，这个计算似乎让人望而却步，但请用"估算眼光"来看待这些数字。考虑到账单大约是 70 美元，你可以说 10% 是 7 美元，15% 是 10.50 美元（7 美元再加其一半），因此 12.5% 介于 10% 与 15% 之间，大约是 8.50 美元。（精确的答案其实是 8.57 美元，所以你得出的快速估算，就你的目的而言肯定是足够准确了。）

　　练习一下这样的估算，当你有机会的时候用计算器检查一下，看看你离准确数字有多近。练习将培养一种感觉，并使你对数字实际代表的内容保持警觉。养成一种习惯，将数字向上或向下舍入为有意义且易于掌握的数字。

向上还是向下？

　　根据惯例，精确地落在两个标记之间的数字应该向上舍入（因此，385 到最接近的将是 390 而不是 380），但你选择的方式以及你与精确数字的接近程度也取决于上下文：4816 通常会向下舍入到 4800，因为它比 4900 更接近，但是，如果宽松一点很重要的话（例如，估计供应量或报销食宿费），那么 4850 或 4900 将是一个更合理的工作数字。

粉刷一新

　　这里有一个例子，说明了如何估算和一些横向思维能够绕过许多费力和不必要的计算。

计算重新装修房间需要多少油漆的冗长方法是，将墙壁高度乘以房间的周长，得出总面积，计算出所有门和窗的面积，将其相加，然后从整体数字中减去，然后将答案除以油漆的（单位）覆盖面积。

一个数学上足够接近的巧妙技巧是使用门作为估算指南。典型室内门的面积约为 20 平方英尺或 2 平方米。记住，这些并不是精确的换算，只是提供容易操作的近似数字。油漆罐标签可以告诉你大致的覆盖范围；这通常可能是每夸脱 100 平方英尺或每升 12 平方米。因此，1 夸脱的油漆可刷面积相当于 5 扇门（1 升相当于 6 扇门）。现在，用眼睛或伸开双臂估算一下，你的房间能够盖住门多少次，这将很好地估算出你需要多少油漆。（忽略门窗空间通常可以很好地补偿墙高于门的事实。）

一个聪明的替代方法是用英尺测量房间（与地板的）边缘，然后除以 5 得到所需的夸脱数（或者用米除以 6 得到升）。你能看出为什么可以这样做吗？

记住向上舍入而不是向下——哦，别忘了留第二层油漆！

存款与贷款

你有没有这样的时候：弄不清一笔贷款要花掉你多少钱，或者你的储蓄能赚多少钱？一方支付的利息和另一方应计的利息是财务平衡行为的两个方面，两者都由基础数学决定。

"产生利息"（"Interest"ing）的数学

　　贷款人同意向借款人支付一笔款项，借款人同意按预先安排的部分数偿还——每部分为借款金额的一个部分，外加支付利息。贷款人必须始终引用"年百分率"（APR），即计算贷款偿还的精确金额的年百分率。例如，如果你以 18% 的年百分率借款 100 美元，那么利息就会稳步积累。如果这是简单利息，一年后如果你没有偿还过一分钱，你就会欠 118 美元。

　　然而，这幅易于理解的图像由于两个因素而变得复杂。如果你定期偿还部分你的欠款（称为"本金"），你所欠的总额就会下降，因此你所欠利息也会减少。

　　第二个复杂因素是复利。想象一下，一个储蓄账户宣传每年 12% 的诱人储蓄率：如果你投资 100 美元，到一年年底你会有多少钱？单利可以给你 112 美元，但复利的话（几乎所有的储蓄和贷款利率都是通过复利计算的），实际上会更好一些。

　　在复利中，年利率除以 12，得出月利率——如果是你的虚构账户，则为 1%。每个月在你最初的 100 美元中加上这一利息意味着，逐月赚取利息的钱也在增长，因为你的利息也会赚取利息。

　　下表显示了发生的情况。如你所见，最终金额略高于你可能从单利中获得的 112 美元。

月	存入	利息	余额
1月1日	$100.0	$1.00	$101.00
1月底	$101.00	$1.01	$102.01
2月底	$102.01	$1.02	$103.03
3月底	$103.03	$1.03	$104.06
4月底	$104.06	$1.04	$105.10
5月底	$105.10	$1.05	$106.15
6月底	$106.15	$1.06	$107.21
7月底	$107.21	$1.07	$108.29
8月底	$108.29	$1.08	$109.37
9月底	$109.37	$1.09	$110.46
10月底	$110.46	$1.10	$111.57
11月底	$111.57	$1.12	$112.68
12月底	$112.68	$1.13	$113.81

算出利息（答案见解答。）

有一个简单的公式来计算最终的数字：$F=P\times(1+i)^n$。F 是最终数字，P 是本金，i 是年利率，n 是年数。右上角的 n 表示括号中的数字之和必须乘以自身。因此，$(1+i)^3$ 将是 $(1+i)\times(1+i)\times(1+i)$。试着用这个公式计算出下列投资中哪一项会产生更大的回报。

A）400 欧元投资，每年复利 5%，为期 3 年。（提示：$1+i=1.05$）

玩转数字

B）380 欧元投资，5 年复利 4%。

一直购物到你倒下？

无论你是在买一台新洗衣机、一张沙发还是一辆汽车，你都会注意到销售人员往往渴望帮助你"分摊还款成本"。然而，乍一看，这毫无意义——这家商店不是马上拿到所有的钱更好吗？答案在于销售金融套餐向商店提供的佣金。虽然最初这些贷款看起来比一次性支付巨额贷款更有吸引力，但你需要熟练地决定它们是否是你正确的选项。

除了真正的无息贷款总是比预先支付全部金额更划算，你需要能够计算出你将为贷款支付的总额。为此，找出利率，并计算出超出东西本身成本累积的利息。

金融市场

富时指数、道琼斯指数、纳斯达克指数——我们都听到过这些词语，但驱动它们的数学是什么？我们读到了股票市场上巨大的输赢，但我们中很少有人准确地了解其中涉及的内容。例如，你是否意识到，在绝大多数交易中，实际上只不过是"承诺"在进行交易？

交易员

没有一个实体可以被描述为"市场"——它只不过是买方们和卖方们。令人惊讶的是，在家为自己工作的交易员远远多于银行和投资行的交易员，并且尽管围绕着交易的神秘性，但所需的数学实际上相当简单。

交易的数学

股票价格总是以"点"为单位报价，在美国每一点都值 1 美分，在英国每一点值 1 便士。交易员买卖上涨的股票，希望在股价下跌之前卖出。他们首先通过记录他们正在考虑的股票最近的高值和低值来计算所谓的回报风险比。这些分别被称为"阻力线"和"支撑线"。当一支股票价格上涨时，回报是最近的高点和当前价格之间的差额，风险是当前价格和最近的低点之间的差额。

假设数据为 255 点（近期最高）、210 点（近期最低）和 225 点（当前价格）。潜在回报为 30（255 - 225），但潜在损失为 15（225 - 210），因此回报：风险比率为 30：15 或 2：1。除非比率至少为 3:1，谨慎的交易者不会投资，所以这个例子可能不会吸引太多投资。

利润的数学

接下来需要决定投资多少。每笔交易只应占投资者资本的 1%，因为如果失败（平均而言，一半会失败！），这不是一场灾难。

如果一半的交易失败了，怎么可能赚钱？还记得回报与风险之比率吗？这意味着，如果你坚持至少 3：1 的比例，每一笔成功的交易将至少获得初始投资的 3 倍回报。假设你做了 10 次交易，其中 7 次失败，3 次成功。如果每笔交易占你净值的 1%，你就损失了 7%，但其他 3 笔交易的回报率都是 3%，总计 9%，因此净利润为你资产净值的 2%。

当然，这些不应该被视为建议，因为没有人能保证赚钱，但是，下一次你看待金融市场时，你可能对正在发生的事情会看得更透彻。

一笔好交易——更快

销售人员可能向你展示看起来非常实惠的数字，但你如何决定这是否真的是一笔好交易？快速计算出实际成本，甚至是近似的，可以节省你宝贵的现金。

当他向你报出每月还款额时，你只需完成以下步骤：

- 首先，计算一年的还款总额。在你脑海中计算这个的简单方法是：每月的数字乘以 10，然后再加上两个月的数字，得出 12 个月的总额。

- 大部分的贷款通常是以 36 个月、48 个月或 60 个月报偿还的，这分别是 3 年、4 年和 5 年，所以用一年的总额数乘以 3、4 或 5 得出你的贷款的总成本。

- 最后减去货物的原始成本，将得出你不预付所有费用的情况下而付出的差价。

你会惊讶于这有多大的帮助，而且你将不止一次地击败那位敲击计算器的销售人员。

别忘了，每月还款的微小变化会对总额产生很大影响。当我正要在一家汽车展厅签署贷款协议时，我注意到每月还款数字有误。尽管金额低于 10 英镑，在贷款过程中，我最终会比最初约定的多支付大约 300 英镑。你能估计出来这个贷款要延续多少个月吗？

"钱就像粪肥，除了撒播外，没有什么用处。"

弗朗西斯·培根（1561—1626）

导航

自从人类第一次开始环游世界以来，我们一直需要确定我们当前的位置，并知道走哪条路。导航，无论是通过太阳和恒星还是通过人造卫星，都是基于数学计算的。

传统方法

早期的水手和其他旅行者会使用已知的固定点，例如北极星或地标，来计算他们的大致位置。方位角的发明是为了给这些方向提供一点精度，它使用了一种称为三角测量的方法。

在看不见陆地的地方，唯一一直可见的物体是太阳和星星，当然，它们在白天和黑夜中不断地改变着位置。知道中午太阳处于最高点，水手们就可以计算出他们所在位置的纬度（他们的南北距离）。然而，不知道他们的经度（精确的东西位置）是一个缺点，严重阻碍了 18 世纪中期之前的跨洋贸易和探险（见下页方框）。

一旦水手们可靠地知道格林尼治时间，他们就可以用天文测量法算出当地的时间。通过计算两个时间之间的差值，然后将这个数字乘以 15（因为东、西每 15 度代表 1 小时的时差），他们可以计算出精确的经度。

玩转数字

寻找经度

计算海上经度的关键在于知道准确的时间。然而，17 世纪和 18 世纪使用的标准设计钟摆，在船上随波逐流时不可能保持准确。此外，温度变化等天气条件可能会降低时钟的精度。1714 年，英国政府向任何能够解决这个问题的人提供了丰厚的奖励，这个问题甚至让伽利略和牛顿这样的伟人感到困惑。1755 年，钟表匠约翰·哈里森（John Harrison）终于想出了解决方案。他的第四次尝试是一款后来被称为 H4 的怀表，它即使在船的横摇状况下也能保持准确的时间，因为它不依赖于钟摆，还包括一种补偿温度波动的机制。

全球定位系统

尽管我们的测量方法比古代航海家的测量方法更加精确和高科技，但绘制地球上任何地方位置的数学原理仍然相似。

全球定位系统（GPS）只不过是一种稍微复杂的三角测量系统，它利用你相对于几个已知绕地球轨道运行的卫星的位置来精确定位你的位置（使用更多的固定点可以提高精度）。与哈里森的怀表不同，GPS 系统内的微芯片每秒可以做几次这样的操作。该系统有内置地图，而不是仅仅给出经纬度，但是，数学原理仍然相同。

取得你的方位角

地球上的任何位置都可以由纬度和经度来定义。此外，你面对或移动的方向由方位角定义，方位角以度为单位，类似于圆内的角度。

想象你站在地面上一个巨大圆圈的中心，面朝北方（或 12 点）。此方向称为方位角 000°（方位角始终有三个数字）。例如，如果向右旋转 90°，则方向角为 090°。

你可以从已知的地标获取方位角，在地图上找到自己的位置。假设你看到西边有一座教堂，东北边有一个湖。如果教堂在你的西面，你一定在教堂的东面（方位角 090°），因此在地图上画一条从教堂向东延伸的线。使用类似的推理，从湖的西南方向画一条线（225°）。两条线相交的点将显示你的位置。

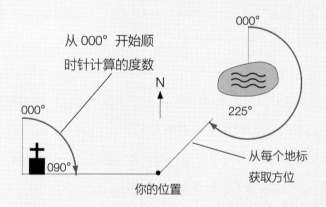

5

你真的能够指望它们吗？

在日常生活的水平上，数字是具体和可靠的，但它们的某些用途可能会使它们看起来不可靠。那种"谎言，该死的谎言，还有统计！"的呼喊，完全是由衷发出。然而，这不是数字的错，而是解释和上下文的错——例如，除非我们知道 50% 的内容，否则"50%"是毫无意义的。对统计数据的误解或对正面处理数字的恐惧会诱使我们相信几乎任何事情。本章的目的是让你擦亮眼睛，向你展示数学事实有时是如何与你的本能假设相矛盾的。

统计数据：我们应该相信它们吗？

人们倾向于用下面两种态度来对待统计数据：要么毫无疑问地接受调查结果，要么愤世嫉俗地拒绝它们。哪一种更健康？

前一种态度是基于无知，后一种态度可以说是基于恐惧——但我们最好的选择是一种质疑的心态，以便找出统计数据实际上告诉了我们什么。

统计数据实际上告诉我们什么？

统计数据通常涉及百分比，尤其是百分比变化，正如我们在第 3 章中看到的，这可能会呈现出一幅令人困惑的画面。由于懒惰或误解，引用数字时往往不够严谨。例如，你可能在报纸上读到，每天多喝一杯酒会使女性患乳腺癌的风险增加 6%。这样的威胁可能足以让许多女性完全戒酒，但少量研究表明，女性极不可能因这杯额外的酒而患上乳腺癌。事实上，9% 的女性在 80 岁之前会患上乳腺癌，而 9% 的（上述）6%，则总共不到 0.6%（$0.06 \times 0.09 = 0.0054$ 或 0.54%）。

原始百分比，即使是精确的，也很难可视化，所以最好将其转换为每百人或每千人的人数这样的形式。在上面的例子中，0.6% 更容易掌握，因为每 200 名女性中就约有 1 名。因此，对同样的统计数据，一个更清晰（更不那么吓人）的说法是："通常情况下，200 名女性中有 18 名（100 名中有 9 名）在 80 岁之前会患上乳腺癌。如果她们每天都多喝一杯酒，那么这个数字就会上升到 200 名中有 19 名。"要时刻警惕实际的百分比意味着什么，问问自己：百分之 X 中的 X 是什么？

因果关系或偶然的相关性

另一个常见的陷阱是假设，如果 A 增加，然后 B 也增加，那么一定是 A 导致了 B。由于 A 和 B 联系在一起的例子有很多，所以很容易陷入这样一个陷阱，即认为这总是如此。在斯堪的纳维亚半岛的一个有趣的例子中，研究人员发现，在你家屋顶上筑巢的鹳越多，你的孩子就越多。没有证据表明鹳会引起孩子出生，反之亦然。稍微想一想，你的孩子越多，你的房子可能就越大，屋顶就越大，就会吸引更多的鹳！这有点像说全球气温与猫王模仿者的数量直接相关，因为近几十年来两者都显著上升。太容易误用提供给我们的数字了！

数据的收集方法

统计学家经常使用少得出奇的样本。虽然这可能与直觉相反，但通常情况下，抽样的人口越多，准确结果所需的百分比越小。例如，如果

样本尽可能随机，500 人的样本规模至少可以为 500 万人的人口提供与
100 万人同样有效的结果。

真正的随机性

随机性的一个常见概念是一种广泛的分布，或者，是一种对于一个区域或类型不做有偏好的选择，相对另一个而言。随机挑选的美国州代表不应排除落基山脉以西的任何人；随机收集的衣服不应该全是袜子。彩票玩家可能会将随机选择号码等同于选择多种号码，而不仅仅是一组相邻号码。然而，随机性与均匀分布又有很大不同。想象一下，把大米撒在方形瓷砖铺的地板上。会有一些瓷砖上有很多大米，而有些瓷砖上只有很少的大米。这种对随机性本质的误解，解释了一种现象"癌症集群"——癌症发病率远高于平均水平的地方易引发恐慌。事实上，令人欣慰的是，大多数集群只是随机的数学事件，而不反映真正的危险事件。

然而，即使是统计学家也不认为统计是一门精确的科学，公布的数字也有所谓的误差幅度，即一个统计数据的可靠性的指标。更大的样本可以使统计学家宣布他们的结果具有更高的置信水平（即他们对整个人群的结果能够反映出样本的结果的信心有多大），并减少误差幅度。

误差幅度

例如，如果一项民意调查显示，误差幅度为 4%，这意味着你每重复调查 25 次，你平均会得到一个完全虚假的回答——有 4% 的可能性，而它可能就是你所看到的答案！

在决定结果意味着什么时，误差范围很重要。假设一位政治家在民意调查中的支持率为 46%，一周后再次进行民意调查时，支持率为 48%。这并不一定意味着他的评级已经上升。如果两次民意调查的误差幅度都是，比如说，3%，那么第一个结果实际上应该是 "43% 到 49% 之间"，第二个结果也在这个范围内。

那么我们从此能相信统计数据吗？

当然能。前提是我们决不以表面价值看待它们，并始终提出正确的问题。当你看到一个百分比时，一定要问它是什么的百分比，测量标准是什么，样本大小和误差幅度可能是多少，以及是否有其他影响因素。这样，你就能自信地评估你所读内容的有效性。

这都是一个规模的问题

数字，尤其是用于比较的，如销售数字或者预算如何分配和使用，通常以图表形式呈现。饼图和直方图都是使这些数字更容易理解的有用方法，但它们也为歪曲事实提供了极好的机会。

阅读图表

当面临比预期更糟糕的数据时，个人、公司甚至政府都很容易对实际数字做出尽可能积极的"扭转"。看一下某位先生创建的下面的销售图。他的制造公司似乎在过去两年里表现出色——乍一看，销售额似乎翻了一番多。

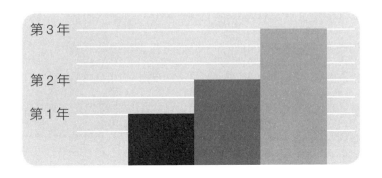

然而，容易忽略的是纵轴上所有重要的标签。这位先生并没有从零开始（而这才是诚实的做法），他只是展示了他的销售图表的顶部。如果图表上的每一条水平线代表100项销售额，而他在第一年的销售额为5000项，那么第三年的销售额（5500项）实际上只比第一年增长10%。

图形表示很容易被操作，因此应始终检查基线和给出的实际信息，而不仅仅看创建的效果。可以操作简单的图形来夸大或最小化相对变化。类似地，饼图总是给人一种显示整体的印象，但（显示的整体）可能只是代表事情的一部分。

看看下面这两张图，画的是安娜贝尔和芭芭拉的新年减肥计划。谁给人做得更好的印象？当然，安娜贝尔的曲线图更陡峭，表明进步更快，但仔细观察水平轴：当你越过外表看实际数字时，图像有多大的不同？例如，到1月15日，她们两人的体重都减轻了多少？

玩转数字

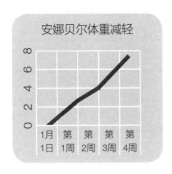

机会与概率

概率不仅决定赛马的胜算或你中彩票的机会，而且还决定一些常见的实际问题，例如你支付多少保险费，或者你遭受某些事故或疾病的风险有多高。

概率的连续性

概率论是所有数学中最容易被误解的领域之一：最好的情况——它的定律不那么明显，最坏的情况——它们是高度违反直觉的。

想象一条水平线，左边是 0，右边是 1。根据以下原则，我们可以沿着这条线记下所有未来的事件。如果某事不可能发生，则概率为 0 或 0%；任何肯定会发生的事情都有 1 或 100% 的概率。所有其他事件都介于两者之间。有均等的机会发生的事情（例如投掷硬币并获得"头像面"）的概率恰好为 0.5 或 50%。预测有 50% 可能下雨的天气预报员实际上是在说，下雨和不下雨的可能性是一样的——没有多大用处！而人们易犯一个常见错误，也许是因为 1/10 等于 10%，于是认为 1/20 等于 20%；当然，它实际上是 5%（因为 1/20 意味着 5/100）。

| 不可能 | 十分
不可能 | 不大
可能 | 一半机会 | 可能 | 十分可能 | 一定 |

0   0.5   1

0%   50%   100%

概率是怎样计算的?

　　事件发生的概率是通过将事件可能会发生的方式的数目除以可能的结果总数来计算的。这听起来比实际情况更复杂。假设你想计算出掷骰子得分超过 4 的概率。

- （得分超过 4）有多少种可能发生：2（骰子可能显示 5 或 6）。
- 总共有多少种可能的结果：6（可能显示 1、2、3、4、5 或 6）。

　　所以得分超过 4 的概率是 2÷6，或 2/6。这与 1/3 相同，所以我们可以认为，我们将大约三次中有一次得分 5 或 6。

　　为什么是大约？理论概率和测量结果之间存在重要差异。你执行一个动作的次数越多，你的结果就越接近理论概率。如果你把你的骰子扔了无数次（在现实中显然是不可能的），你会发现 5 或 6 出现的概率恰好是三分之一——生活精确地反映了理论。但如果你只扔了一百次，甚至一千次，你能说的最好的结果是，5 或 6 出现的概率大约是三分之一。这是赌博（包括股票交易）所基于的机会因素。这就是为什么过去的记录，无论是赛马形式还是公司股票的涨跌，对于尽可能准确地预测未来的表现或结果都很重要，但不能保证未来将会发生什么。

　　概率定律对我们日常生活的影响比你想象的要大。例如，它们规定了保险费用。精算师通过计算某些事件发生的概率，计算出你发生车祸或房屋被闯入的可能性——这个规则与预测掷骰子时掷出某个特定数字的概率相同，但是考虑的变量更多。你的汽车保险费将基于年龄、车辆类型和居住地点等标准，并平衡保险公司在报价过高时失去业务的可能性，以及在报价过低而无力弥补索赔损失时停业的可能性。

相同生日难题（答案见解答。）

某些事件的发生概率经常与你的直觉猜测非常不同。最著名的概率难题之一被称为蒙蒂·霍尔问题，但这里有一个更直接的概率问题：在一个房间里必须有多少人才更有可能（即概率大于 50%）至少有两个人的生日相同？100？500？难以置信的是，答案只有 23。这怎么可能？

- 你我共有一个生日的概率是 1/365。因此，你我的生日不同的概率为 364/365，约为 99.7%。

- 第三个人生日在剩余 363 天中的某一天的概率为 363/365。

- 第四个人只有 362/365（约 99.2%）的机会避开我们三个人的生日。

- 遵循这个模式，第 23 个人有 343/365（约 93.7%）的机会避免所有其他生日。

要计算两件事情同时发生的概率，我们需要把它们分别发生的概率相乘。例如，投掷硬币并连续 3 次获得"头像"的概率为 1/8（1/2 × 1/2 × 1/2），即 12.5%。

如果你将所有生日概率相乘：364/365 × 363/365 × 362/365，以此类推，当你达到 343/365（第 23 个人）时，你的答案是 49.3%。由于这比一半只稍微小一点，你已经到了一个临界点，在这个临界点上，团队中的两个人生日相同稍微更有可能。

- 人们之所以如此广泛地误解这一点，是因为当面对这个问题时，大多数人都会在大脑中错误地把它说成："在他们中的一个人和我的生日相同之前，必须有多少人在房间里？"这根本不是同一个问题。但是你能想出答案吗？

- 如果你的生日是 7 月 1 日，你和我一起过生日的可能性有多大？

蒙蒂·霍尔问题

这个现在著名的统计问题是以一位美国游戏节目主持人的名字命名的，它确实让一些头脑非常敏锐的人感到困惑。

假设你在一场游戏秀场上，必须猜出三扇门中的哪一扇门隐藏着明星奖：一辆车。另外两扇门后面各有一只山羊。你指出一扇门。节目主持人（他知道车在哪里）打开了与你选择不同的一扇门，里面有一只山羊。然后，给你一次机会：坚持原来的选择，或者换到另一扇关闭的门。切换对你有利吗？

直观的答案是，坚持或者切换没有区别。毕竟，现在有两扇关着的门——一扇藏着山羊，另一扇藏着汽车。比率肯定是 50：50，或者说相等。令人惊讶的是，你应该切换，因为你获胜的可能性是原来的两倍。

一开始,你会同样可能地做出以下三种选择之一:

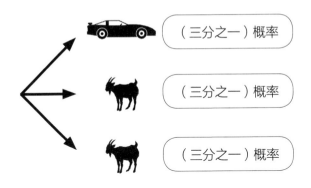

但是,看看第二阶段会发生什么,这取决于你是切换还是坚持原选择:

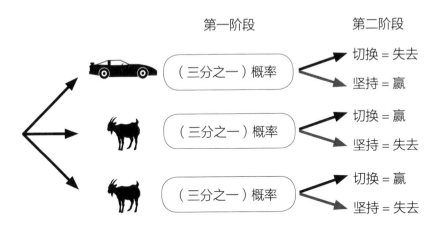

正如你所看到的,如果你在原选择为山羊时切换,你会赢;如果你在原选择为汽车时切换,你会输。因为你选择了山羊,平均来说,每三次尝试两次,三分之二的概率切换将获得胜利。

你可以用三张扑克牌和一个朋友试试看。用一张 A 代表汽车，用两个 J 代表山羊。在你面前摊开卡片，这样只有你才能看到它们的点。让你的朋友指一张卡片，然后揭开一个她没有选择的 J。问她是否想改变主意，换掉原来的卡片。揭示她最后的选择，并记下她是赢还是输。你会发现，如果你玩的次数足够多，通过切换，她获胜的次数大约是她选择不切换时的两倍。

机会有多大？

数学是所有赌博概率的核心，但是，更好地了解自己的概率真的能给你带来优势吗，还是一切最终都取决于运气？彩票只是对较差的数学家征税吗？

概率的平衡

赌博和机会的游戏都是关于概率的平衡。在轮盘赌桌上，最大的赔付是在一个特定数字上下注，但出现该数字的可能性很低（1/36，或某些轮上的 1/38）。选择简单的奇数或偶数赌注，获胜的概率很高（1/2），但赔付率很低。博彩公司在设定赛马赔率时也使用同样的平衡原则，但如果你了解马匹以前的成绩，你可以提高选择赢者的概率。

虽然一些形式的赌博可能受到技巧和经验的影响，但其他的纯粹是运气。许多人从不认为自己是赌徒，他们喜欢的一种流行的赌博方式属于后一类：彩票。由于运气的因素以及彩票的流行程度，看一看它的数学是很有趣的。

彩票——它只是一个彩票吗？

所有的彩票都是大致相似的：你付费选择一组数字，如果你的数字与随机抽取的任何或所有官方数字相匹配，你就赢了。在英国彩票（在美国各州彩票的运行方式非常相似）中，49 个数字的选择意味着有 13 983 816 个同样可能的组合。因此，你的组合出现的概率几乎是一千四百万分之一，这并不令人鼓舞。

无论你的直觉告诉你什么，你都无法增加获胜的机会。但是如果你是赢家，你可以最大限度地增加你的奖金。关键在于这样一个事实，即头奖是由所有匹配中奖号码组合的人分享的。想象一下，发现自己中了头奖，却发现自己将与 5000 人分享。所以诀窍是选择尽可能少的需要与人分享的数字，这样如果你赢了，你将得到可用奖金的更大一部分。

选一个数，任何数……

人们倾向于对某些数字或数组形成不合逻辑的依恋，例如重要的日期或"特殊"序列（每周有数千人选择 1、2、3、4、5、6）。因此，为了减少潜在的共同获奖者数量，你应选择一些高于 31 的数字，避免形成明显的模式，并以随机性为目标。不过，请记住，选择你的彩票周围均匀分布的数字与随机选择不同；实际上，从数学上讲，"随机选择"是一种悖论。

"财富真正帮助了那些具有良好判断力的人。"

欧里庇得斯（约公元前 480—前 406）

6

数的奇迹

我们大多将数字视为达到目的的一种手段——部署在那儿的勤务兵，通常干一些单调但必要的计算。但它们也有自己的生活：它们以令人惊讶的方式相互联系，并且处于一些最神奇的自然模式的核心。

一些数字，或数字之间的关系，也具有一些特性，从最早的时代起就吸引了数学家。数学王国不仅包括我们都知道的"实数"，还包括非实数、无理数，甚至是虚数。而数字存在的规则可能为将来解开宇宙的秘密提供了钥匙。

零：有与无

哲学家们对"无"是否真的存在有分歧，但数学家们对此毫无疑问。零是一个绝对重要的数字，它的发明预示着数学思维的许多领域取得了巨大进步。

在零之前

要理解零的重要性，首先需要认识到在引入零之前算术是多么复杂。当书写多个"位"的数字时，比如说，在十进制（以 10 为基数）系统中，3 可能意味着 3、30 或 300；在其他基数中，情况更为复杂。为了解决这个问题，古巴比伦人引入了两个倾斜的标记来表示数字中间出现空白"位"的位置：＼＼。这种符号被称为占位符，这仍然是今天零的一个重要功能。

零加入了数的队列

然而，直到印度数学家（而不是阿拉伯人或巴比伦人，与普遍持有的错误观念相反）在公元 7 世纪前后意识到，零本身就是一个可以放在数字队列里的数字，并且表现得（在某些方面，但不是在其他方面）像一个数字一样，这时候，"没有"才被仅仅视为"一切都不存在"。它获得了 0 这个符号，这是由阿拉伯商人传播的，因此他们常常被认为是它的发明者。事实上，印度人、阿拉伯人、巴比伦人甚至古希腊人都参与了这一关键数学思想的发展。

无法解释的是，符号 0 在古代曾不再流行，甚至在数学家中也如此。一直到 17 世纪，差不多 1000 年后，它才被再次起用。

零是怎样帮助了数学？

除了它作为占位符的用处之外，一旦数学家意识到 0 是一个实数，它就成为代数系统中求解更复杂方程的工具。因为加减 0 不会改变另一个数字的值，所以数学家可以更容易地操作表达式并解决迄今为止无法证明的假设。此外，我们对零的理解有助于发展我们对无限和极限的思考，而这反过来又有助于微积分的发展，微积分是第二个千年里最强大的新数学思想之一。

0 的故事

"零"一词源于梵语 sunya，意思是"空"或"无"。这一数字在经过亚洲和欧洲的贸易路线时逐渐得名。阿拉伯人将其命名为 sifr（我们从中派生出单词"cipher"，意思是一种密码）。阿拉伯语 sifr 进入拉丁语中被称为 zephirum，在意大利语中称为 zefiro；中世纪的威尼斯人改变并缩短了这个词，使之成为 zero（零）。

素数

所有的数字都具有某些属性。例如，所有的整数都有因子——这些数能除尽整数而不留余数。只有两个因子（自身和 1）的数被称为素数，几个世纪以来，它们一直吸引着数学家。

零的奇异行为

很明显，零的加减不会改变任何东西：6+0=6，1546－0=1546。但是乘法和除法呢？

乘以零经常会让人绊倒，但也是一个相当容易理解的概念：$8 \times 0=0$，因为 8 个空洞仍然是空洞。然而，除法带来了一个更有趣的挑战。

目前，除以零没有任何意义。我之所以说"目前"，是因为未来某些杰出的数学家可能会发现思考这个概念的新方法。但现在，问问自己：多少乘以 0 等于 8？当然不是 0 次，因为 $0 \times 0=0$，但也不是 8，没有其他答案更有意义。

如果我们被允许除以零，我们可能会证明一些荒谬的事情。

例如：

$$4 \times 0=5 \times 0$$

这个数学陈述是正确的，因为这个方程的两边都等于 0。但是等式的两边都除以 0 会得到 4=5，一个不可能的矛盾等式。

数学家们对这个问题的解决办法只是简单地将被零除的过程定义为一个无意义和不可能的过程。

如果有用的天气预报告诉你，预计明天气温将是今天的两倍那么冷，而今天是 0℃，那么明天的实际气温会是多少？（答案见解答。）

埃拉托斯特尼筛法

即使是早期的希腊人也知道素数，希腊数学家埃拉托斯特尼（约公元前 276—前 194）发现了一种非常简单的计算方法。

- 埃拉托斯特尼首先写出了从 1 到 100 的数字。

- 他划掉了 1，因为它只有一个因子，因此不是素数。

- 然后他圈出 2（作为他的第一个素数），并划掉所有 2 的倍数。

- 下一个未圈出的数字 3 一定是素数，因此他将其圈起来，然后划掉所有 3 的倍数。

- 下一个未圈出的数字 5 一定是素数，所以他圈出它，然后划掉所有 5 的倍数。

- 他对 7 及以上的素数重复了这个过程。

这种方法产生了下面所示的表格（素数被涂上阴影而不是圈出）。它被称为埃拉托斯特尼的筛子。

数 1 被划掉，因为它只有一个因子——它本身，所以不是素数

突出显示的数字是素数，它们的唯一因子是自身和 1

划掉的数字是非素数，有 3 个或更多因子

1	2	3	4	5	6	7	8	9	10
11	12	13	14	15	16	17	18	19	20
21	22	23	24	25	26	27	28	29	30
31	32	33	34	35	36	37	38	39	40
41	42	43	44	45	46	47	48	49	50
51	52	53	54	55	56	57	58	59	60
61	62	63	64	65	66	67	68	69	70
71	72	73	74	75	76	77	78	79	80
81	82	83	84	85	86	87	88	89	90
91	92	93	94	95	96	97	98	99	100

这个过程可以令人满意地识别出 100 以内的素数。也可以使用埃拉托斯特尼的筛子来寻找更高的素数，在超级计算机的帮助下，数学家们不断地寻找更高的素数。

一个素数的模式？

素数被定义为除了自身和 1 之外没有其他因子。除了 2 和 3 之外，所有素数都比 6 的倍数多 1 或者少 1。而其他数字都是 2 或 3 的倍数，因此它们不能是素数。

关于素数的一个有趣和令人沮丧的事情是，它们不符合任何可辨别的模式。数学家对这一事实非常感兴趣，以至于目前有 100 万美元的奖金提供给任何能够解决所谓的黎曼假设的人。这是素数和非素数之间的可能联系，德国数学家伯恩哈德·黎曼（1826—1866）在 1859 年提出了这一假设。到目前为止，这可能仍然是世界上最流行的未解决的数学问题。有可能预测下一个素数是什么吗？

素数安全

素数对因子的排他性使得它们非常不灵活。它们不能被分解成任何等份，所以它们作为货币或任何测量系统的基础都是无用的。然而，这种非常不灵活的特性在某些商业应用中引起了极大的兴趣，尤其是信用卡和网络安全。

安全系统通常依赖一种称为"公钥加密术"的技术。这源于一个关于大素数的简单事实：它们相乘非常简单明了，但给定答案，几乎不可能找到两个原始素数。然而，只有当素数足够大时，这种方法才有效——20位数或更长的素数在这种技术中很常见。将其视为等同于电子挂锁。你可以锁定它（通过将两个素数相乘），但只有有钥匙的人才能再次解锁它——也就是知道哪两个素数产生了这个难以置信的长数字。这就是确保电子传输信息安全的原因。下次你发电子邮件、打私人电话或安全地网上购物时，感谢素数，因为你受到了它很好的保护。

编码：一个数学之谜

自从人们开始使用书面通信，人们就希望私下或秘密地发送信息，于是加密技术（将信息翻译成密码）诞生了。自然，数学在许多密码的设置和破解中发挥了重要作用。

数学上乘法的排列组合

最简单的编码称为替换密码。这仅仅涉及将一个字母换成另一个字母，而且很容易破解。想象一下字母表被写了两次，分别写在两条卷曲的纸条上，形成一对轮子。旋转一个或两个轮子，使相同的字母不再对齐，将创建一个字母替换表。例如，将一个轮子移动一个字母后，图像将如下所示：

ABCDEFGHIJKLMNOPQRSTUVWXYZ
BCDEFGHIJKLMNOPQRSTUVWXYZA

　　如果我们要发送的秘密消息是"MOUSE（鼠标）"这个词，通过将上图中第一行的每个字母替换为下面的字母，MOUSE就变成了NPVTF。但是这个代码一点也不安全，因为只有26种可能。即使通过重新排列下轮上的字母进行随机的替换，智能解码器也可以破解。

　　如果字母不按顺序排列，代码会变得更强，并且旋转次数也会发生变化，不仅是每一条消息，而且每次对字母进行编码时都会发生变化。因此，A可能在一个单词中代表B，但在下一个单词里代表W。这是恩尼格玛机器的设计者所采用的方法，该机器使用的不是一个而是五个轮子：加密的一部分选择用三个轮子来安装机器。这听起来很简单，但从数学上讲，这意味着轮子可以被放置在一百多万个不同的排列中，这也是需要他们这一代最伟大的数学头脑和一点运气才最终破解了代码的原因。（事实上，恩尼格玛机包含了更多的复杂性，可以进一步将密码随机化到数万亿种可能性！确切的可能性数是 $5 \times 4 \times 3 \times 26 \times 26 \times 26$。你能想出为什么吗？答案见解答。）

尝试破解这个更直接的密码：

Brx duh d qxpehu zlcdug!

完全一团糟！

你可能听说过，当一只蝴蝶在南美洲拍打翅膀时，它会在纽约引发一场龙卷风。这是一个虽然有点误导性但很好的描写，关于一个被称为混沌理论的原理。

如果……会怎样？

简单地说，混沌理论是数学的一个分支，它探索了为什么随机事件会在没有明显原因的情况下发生。其核心思想是，系统中非常小的变化可能会导致与原始变化不相称的更大变化的连锁反应。

20 世纪 60 年代，气象学家爱德华·洛伦兹（Edward Lorenz，1917—2008）正在研究预测天气模式的方程式，但他发现，初始数据的微小差异导致了实验结果的巨大变化。正是他将这种现象命名为令人难忘的"蝴蝶效应"。

甚至好莱坞也开始接受这个想法，推出了一些发人深省的电影，如《滑动门》（1998 年）和《蝴蝶效应》（2004 年）。如果你能回到过去，改变一件小事——你的生活会有多不同？如果你从未朝房间那头看一眼，也从未遇见过你的配偶，那会怎样？如果你的父亲和母亲从未见过面呢？

由于洛伦兹主要是一名气象学家，他无法在任何数学期刊上发表他的发现，而是将其提交给了一份气象期刊，这意味着他的想法直到几年后才被数学家发现。此后，混沌理论被纳入气候变化、经济预测和公共卫生规划等领域的预测模型中。

完美的高尔夫挥杆？

观察混沌理论的一个简单方法是想象一个职业高尔夫球手在发球台上。如果他做出 10 个相同的击球，理论上他的球每次都应该落在同一个位置。由于一些微小的差异，比如一阵风，四分之一英寸的额外身体后摆，或者他的几分之一度的小转身，球当然没有落在同一个位置。任何这些因素都会对球的最终位置产生重大影响，当然，两个或两个以上因素会使结果更加不可预测。由于球对微小变量的敏感度，没有人能确定每次球会落在哪里。

模式的打破

洛伦兹建立了系统在微小的不可预测变化下的行为方程，这些方程带来了更多的惊喜。他发现，他的方程的图像似乎从不重复，而是发展出了令人惊讶的结果，称为分形模式。

"分形"一词与"断裂"共享一个拉丁词根，它指的是这个相对较新的数学领域所涉及的多碎片形状。分形与常规欧几里得几何（圆、三角形等）的规则格格不入，但基于不同尺度上潜在的无限重复，它们遵循着自己的模式。接下来我们将讨论这些非同寻常的模式。

探索分形

尽管早在 17 世纪，人们就对分形的概念有所了解，但"分形"这一用语最早于 1975 年由法国数学家伯努瓦·曼德布罗特（1924—2010）使用，用于描述在一个数学显微镜下观察时看起来相同的形状。这是因为每次放大时，我们都会发现物体的图形以较小的比例重复。

自然界的复杂图形

你研究过蕨类植物吗？每片叶由许多小叶组成，每片小叶都是主叶的缩影。更近距离看一看，你会发现每片小叶依次由更小的小叶组成，这些小叶也与较大叶的形状几乎相同。

另一个著名的例子是雪花。雪花的（6 条——译者注）形状类似于分形图案，因为在变化的放大率下，分辨的形状会重复，因此这些形状在任何比例下都看起来相同。

分形的一个令人惊讶的特点是，虽然传统几何形状的周长是确定的，但像科赫雪花（见下面）这样的分形的周长可以是无限的。为了理解这是如何产生的，想象一下，从太空看，冰岛可能看起来像一个简单的椭圆，但当你靠近它时，它的轮廓看起来像一组越来越长、越来越复杂的岬角、入口和裂缝。

一个没有数的世界？

想象一下，在购物时，你不知道要交多少钱，或者你应该得到什么零钱。想象一下，如果你发现你很难理解 16 比 12 大，就尝试参加任何涉及得分的运动。如果数字对你来说是一门外语，想象一下在正确的时间赶到会议，或者开车时坚持限速的困难。

计算困难症和计算障碍症

对一些人来说，数字根本没有什么意义。计算困难者的大脑在计算小组物体时有很大的困难，这是一种被称为"数感"的技能，他们在数字大小和数字关系上都很困难。他们可能不会做简单的加法，甚至可能不会数数或按大小顺序排列一系列数字。

计算困难症通常由某种形式的脑损伤引起，最常见的是中风。它也可能是由遗传缺陷造成的，妨碍了孩子对数字的理解。除非这个问题扩展到完全的计算困难，否则它被称为计算障碍：就像更为人所知的阅读障碍一样，它的严重程度可能会有所不同。"数字盲"不能总是被解释为一种遗传特征，但真正的计算障碍是一种持续的挫折，因为数字存在于我们生活的每一个领域。关于计算障碍的知识仍在不断涌现，希望将来我们能更好地理解为什么对大多数人几乎本能地掌握的数字概念，而对于另一些人会那么的困难。

玩转数字

科赫雪花

这个迷人的分形几何例子是数学的,而不是源自大自然的。它以瑞典数学家海尔格·冯·科赫(1870—1924)命名,他于1904年首次发现了它。

从一个等边三角形开始,去掉每一条边的中心三分之一,并用两条相同长度的边替换,以形成另一个贴在原来那条边上的等边三角形。现在重复新形状上的每一条边。然后再重复一遍。

这样做两次就可以得到以下形状:

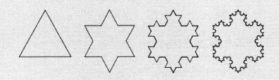

这种模式有可能永远延续下去。

这个特殊的形状有一个非常有趣的变化。第一个星形的科赫雪花的面积正好是原三角形的1.6倍。然而,无论你重复向每条边添加新三角形的模式多少次,面积(使用所谓的几何级数计算,稍微超出了本书的范围)将逼近某一个极限。合乎逻辑的假设是周长可以无限变长,但它所包围的面积将逼近某一个极限!

进入虚幻的世界

我们已经遇到了一些不那么具体的数字，例如 pi（π）和 phi（Φ）。但在数学的高级领域，确实存在一些非常奇怪的数字……其中一个叫作"i"的数字甚至不能被描述为真实的。

虚数"i"

当你把一个数乘以它本身时，你会得到一个平方数。例如，$5 \times 5 = 25$。它的逆过程是求平方根，所以 $\sqrt{25} = 5$。你可能还记得，在学校里，两个负数相乘总是得到一个正数。考虑一下：如果 $1 \times 1 = 1$ 和 $-1 \times (-1) = 1$，那么 $\sqrt{-1}$ 是否存在？

事实上，答案为：是。几个世纪以来，数学家发现 $\sqrt{-1}$ 出现在复杂的方程中。由于这些方程有一个真实的、具体的答案，$\sqrt{-1}$ 必须以某种形式存在。到 18 世纪，$\sqrt{-1}$ 被表示为 i，所有这些数字（负数的平方根）都被称为虚数。它们的存在促进了物理学、工程学和电子学的进步。没有 i，我们就没有电脑、汽车、电视或手机。

"这个分析的奇迹，思想世界的奇迹……我们称之为虚数。"

戈特弗里德·威廉·莱布尼茨（1646—1716）

解答

前面章节中所提到的一些问题的解答。

第 1 章

P011: 5 或者 V 或者五

- 答案是 2：数字指骰子上 5 的相反面。

- 答案是第 2 项：5 550.55 − 500.55 = 5 050，所有其他项结果等于 5。

- 这是温度转换：5 ℃=41℉（和 5 ℉=−15 ℃）。

P020：进展？

1   a: 3 366（3400 − 34)

     b：27.93（首先将 4×7 等于 28，然后减去 7 乘以 0.01。）

2   a:300（因为 150 中有 300 个 1/2）

     b:1000

3   100 × 100 = 10 000

4   它们是等效温度（61℉=16℃，82℉=28℃）。

5   a:403（第 n 项为 4n+3）

     b:49 项

6   开始 13 143 144 12 1188 118.8 237.6。

     开始 340 170 85 17 68 340。

请注意，你最终回到了开头，因为你已经等效地除以 20，然后乘以 20，因此"白白做了"前三个步骤。

7   32145。（这是一个拉丁方块。）

第 2 章

P029：快速计算链

开始 20 2 4 48 14 42 6 36 3564。

开始 7 49 539 100 10 2 8 64 70。

P029：认出模式

A　8（将前两个数字相乘，再减去 2 得到第三个数字。）

B　3（第三个数字是前两个数字之和的两倍。）

C　19（第三个数字是第一个数字的平方加上第二个数字。）

P030：交叉线

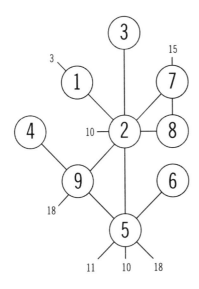

P030：数谜

第3章

P048：用比率来计算

- 棕色蝙蝠与黑色蝙蝠的比例为 30∶20 或 3∶2。由于 200 是 4×50，因此将比例的两边都乘以 4，有 30×4=120 只棕色蝙蝠。

- 首先，找出总共有多少部分或份额：5+6+7=18，90÷18=5；因此每一份包括 5 颗糖。因此，威廉得到 25 颗糖（5×5），托马斯得到 30 颗（5×6），丽贝卡得到 35 颗（5×7）。

- 要计算血浆在血液中的比例，从全血（100%）中减去血细胞比例（45%）。100−45=55，血浆与细胞的比率为 55∶45；把两边除以 5，这可以更简单地表达为 11∶9。

P063: 二进制系统

- 101

- 6

第 4 章

P070: 香肠与土豆泥

- 小商店提供的香肠价格最好：39 便士 ×12=468 便士，也就是 4.68 英镑。在便宜店，你只买了 9 根香肠，而不是 12 根，但每根 53 便士，买 9 根就要 4.77 英镑。在降价街角店，你只需要支付比全价低 10% 的价格（45 便士 ×12，将为 5.40 英镑），但即便如此，这个价格也超过了 4.68 英镑。

- 降价街角店的土豆最便宜——你只需 2.40 英镑就可以买到一 000 克土豆。在小商店，你需要支付买 10 袋每袋 100 克土豆的钱，即 2.60 英镑。在便宜店，你必须支付买 5 袋每袋 200 克土豆的钱，即 2.45 英镑。

- 有趣的是，你到便宜店将获得最低的综合成本——你将支付 4.77 英镑 +2.45 英镑 =7.22 英镑。（在小商店，你将支付 4.68 英镑 +2.60 英镑 =7.28 英镑。在降价街角店，总金额将为 4.86 英镑 +2.40 英镑 =7.26 英镑。）

P076: 算出利息

你会得到两个非常相似的金额：

A. 463.05 欧元：400 欧元 × （1.05）^{3}（即 1.05 × 1.05 × 1.05）

B. 462.33 欧元：380 欧元 × （1.04）^{5}

第 5 章

P091：相同生日难题

- 某个人的生日与你不同的概率非常高：364/365，或 0.99726。但另一个人生日也与你不同的概率是（364/365 × 364/365），或（364/365）^{2}，约 0.99453。你需要一直达到（364/365）^{253}，然后这个数字才降到 0.5 以下，约 0.499523。有些违反直觉，这证明了，房间里必须有 253 个人，才有可能有一个人与你的生日相同。

- 你的生日像我的生日一样在 7 月 1 日的可能性有多大？这个答案要简单直接得多。你有 1/365 的机会与我分享生日，因为你有相同的概率可能出生在一年中的任何一天。（为了清晰起见，我们忽略了闰年带来的额外复杂性。）

第 6 章

P100：零的奇异行为

天气预报员的意思是说明天天气会比今天（气温是 0℃。——译者注）冷得多，但从数学上来说，0 × 2 仍然是 0。

P105：数学上乘法的排列组合

为了破解密码"Brx duh d qxpehu zlcdug!"，你必须将每个字母换成字母表中的前四位的字母:D 变为 A，C 变为 Z，B 变为 Y，依此类推。这样做揭示了重要的信息：你是一个数字巫师!

恩尼格玛机最初的排列为 $5 \times 4 \times 3 \times 26 \times 26 \times 26$ 的原因如下。简单地说，第一个插槽有 5 种可能的轮子选择，对于每个选项，第二个插槽还有 4 种选择，第三个插槽有 3 种选择。这意味着有 60 种不同的方式（$5 \times 4 \times 3$）将轮子装入机器。但对于每一个轮子，都有 26 个可能的位置（由于每个轮子上有 26 个字母），这给出了我们上面的计算——超过 100 万种可能性。

作者鸣谢

我非常幸运地认识了一些非同寻常的人。我非常相信身边的人在某些方面（或许多方面）比我强，下面一一介绍他们！

在过去的一年里，我的家人和朋友忍受了我的失约——这本书是我偶尔疏忽他们的结果，我希望它是值得的。

托尼博士，我的第一位数学导师，他从不回答我作为一个学生的任何问题，迫使我以一种方式思考教育学和数学的问题，从那以后，再也没有人教过我这种方式。

卡罗琳·鲍尔，一位才华横溢的编辑，是极少数能够给我混乱的思绪带来秩序的人之一。更重要的是，她是一个聪明、善良和非凡的人。才华横溢的凯蒂·约翰也增添了她的洞察力和方向——三个头脑比一个要好得太多。

罗布·伊斯特韦，一位朋友兼数学传道者同伴，是他建议我开始写这本书！我们都热爱数学，我们在一起的时光总是使我感到鼓舞。

史蒂芬·弗罗加特是我的好朋友，也是一位魔术师、数学家、音乐家和疯子，我和他分享了很多啤酒、纸牌戏法、咖喱和一些有趣的代数知识，有时是同时分享的！

最后感谢我的妻子艾莉森，她比自己所知道的还要漂亮，没有她，一切都会变得毫无意义。

插图感谢

第 093 页的插图来自 Fotosearch，第 107 页 FeaturePics

已尽一切努力追踪版权持有者；然而，如果我们遗漏了任何人，我们深表歉意，并将在通知我们后，在任何未来版本中进行更正。

图书在版编目（CIP）数据

玩转数字 / （英）安德鲁·杰弗里著；王俊毅译. —长沙：湖南科学技术出版社，2023.10
ISBN 978-7-5710-2513-7

Ⅰ.①玩⋯　Ⅱ.①安⋯　②王⋯　Ⅲ.①数学—青少年读物　Ⅳ.①O1-49

中国国家版本馆CIP数据核字（2023）第187226号

湖南科学技术出版社获得本书中文简体版独家出版发行权。
著作权合同登记号 18-2023-015

WANZHUAN SHUZI
玩转数字

著者
［英］安德鲁·杰弗里
译者
王俊毅
出版人
潘晓山
责任编辑
杨波
出版发行
湖南科学技术出版社
社址
长沙市芙蓉中路一段416号
泊富国际金融中心
网址
http://www.hnstp.com
湖南科学技术出版社
天猫旗舰店网址
http://hnkjcbs.tmall.com

印刷
长沙鸿和印务有限公司
厂址
长沙市望城区普瑞西路858号
版次
2023年10月第1版
印次
2023年10月第1次印刷
开本
880mm×1230mm　1/32
印张
4.25
字数
109千字
书号
ISBN 978-7-5710-2513-7
定价
35.00元